JN160875

「軍事研究」の戦後史

科学者はどう向きあってきたか

杉山滋郎［著］

POSTWAR DEBATE
ON
MILITARY RESEARCH

ミネルヴァ書房

はじめに

第二次大戦後、日本の科学界は「軍事研究をしない」と宣言し、その立場を貫いてきた。ところがここ数年、こうした状況に様々な変化が生じつつある。たとえば政府・防衛省から研究者に対し、「人々の暮らしに役立つだけでなく、同時に防衛にも役立つ研究をしませんか、そのための研究費を出しますよ」というお誘いがかかるようになった。防衛省が二〇一五年度から開始した「安全保障技術研究推進制度」である。そして研究者の側にもこれに応じる動きが出てきた。それも初年度には一〇九件もの応募があったという。そのうち二九件は民間企業などだった。軍事企業もあることだから、それなりに納得できる件数だろう。ところが残りの八〇件は、大学や公的研究機関など、軍事研究とは縁遠いと考えられてきた研究機関（に所属する研究者たち）であった。これはいったい、どうしたことだろうか。さらに二〇一六年になると、学術界を代表する日本学術会議も、「軍事研究をしない」という方針について再検討すると言い始めた。軍事研究をめぐって、いま何が起きているのだろうか。

軍事研究に関する近ごろの議論で決まって登場する言葉に「デュアルユース」がある。デュアルユースとは、水陸両用のように、二つの用途に利用できるという意味である。軍事研究の文脈では

「人々の暮らしに役立つだけでなく、同時に軍事にも役立つ」、つまり「軍民両用」という意味で用いられる。この「デュアルユース」が、「軍事研究をしない」という従来の方針をゆるがす重要な要因の一つになっている。

きわめて苛酷な環境下、たとえば放射性物質が存在する、爆発物が仕掛けられている、人が入り込めないほど狭い空間などの環境下でも自在に活動できるロボット、それらを研究開発することは、大規模な災害や事故に対応するうえできわめて有益である。しかしそうしたロボットは同時に、戦場という苛酷な環境下でも威力を発揮するだろうから、軍事的にも大きな意味をもつ。まさにデュアルユースなのである。したがって、災害や事故に対応できる民生用ロボットの研究開発に、軍事関係者も大きな関心を抱く、そして研究資金も提供しようとする。研究者としては「あくまで民生用ロボットの研究開発をしているのだ」と割り切ろうと思っても、「デュアルユース」を公然と言われれば心穏やかでいられない。まして資金の出処が防衛省などであれば社会的な指弾も受けかねない。とはいえ民生用に有益であることも間違いない。「軍事研究をしない」方針を再検討、という動きの背景にはこうした事情がある。

こんな疑問を抱く人もいるだろう。今さら「デュアルユース」などと目新しい言葉を使うまでもなく、昔からわかっていたことではないか。ナイフひとつとっても、暮らしのための道具にもなれば、人を殺す武器にもなる、科学技術は「諸刃の剣」なのだから、と。たしかに、両義性ということ自体は昔から言われてきたことである。しかし、今この時期に「デュアルユース」という言葉が用いられるようになったのには、それ特有の事情・背景がある、それを見失ってはならない。逆に言うと、「軍事研究をしない」という方針を今に至るまで貫くことができたのはなぜか、その方針に対し疑問が呈されることはなかったのか、などと考えてみる必要がある。

日本学術会議が「軍事研究をしない」と敗戦から五年後に宣言するが、実はその直後から、ことあるごとにこの宣言（方針）に疑問が呈されてきた。軍事研究と非軍事研究とをどう区別するのか（区別できないのではないか）、軍が研究費を提供する研究であっても基礎研究であれば軍事研究ではないのではないかなど、「軍事研究をしない」という方針がはたして有効に運用できるのかという問題提起が当初は多かった。しかしやがて、「軍事研究はすべていけないのか」という疑問も出てくるようになる。一九八〇年代に、軍備の縮小を促すような兵器の開発なら認めるという「現実的な策」もありうるのではないかと、ある研究者グループで内々に議論されたことがあった。さらに後になると、侵略を目的としない軍備のための研究開発なら認められるのではないかと、おおっぴらに主張する人々もでてくる。

他方、「軍事研究をしない」という方針がきちんと守られて来たかといえば、必ずしもそうとは言えない。研究者のなかに、実質的には軍事研究というべきものをする人たちがいた。また、国会での議論においても、「平和目的の研究」という文言の解釈を巧みに変えることで、外形的には「軍事研究をしない」という宣言を尊重しつつ、実質的にはそれを掘り崩していくことが行なわれてきた。

こうしたわけで、「軍事研究をしない」という学術界の方針には、長年の間に不適合が生じている。

だから、今この時点でその方針を再検討しようとすること自体は、意義のあることだと思う。
ただし、再検討を意義あるものとするには、「軍事研究をしない」という方針をめぐってこれまでに積み重ねられてきた議論・論争をふりかえり、その方針のどこに限界があったのか、その限界がなぜここにきて浮上しているのか、その方針のどこをどのように継承すべきなのかなどについて、歴史に学ぶことが必要である。

また科学技術と軍事の関わりという問題は、日本学術会議の「声明」再検討に尽きるものではない。情勢の変化を見すえつつ様々な角度から不断に検討を続けていかねばならない。その際にも、これまでの歴史が多くの示唆を与えてくれるであろう。

そこで本書では、まず第1章で「戦後」より前の時代について、軍事研究をめぐる重要な出来事のいくつかを概観したあと、「戦後」七〇年あまりを四つの時期に分けて（第2章～第5章）、軍事研究をめぐって何が問題となり、背景にどのような事情があったのか、今日の我々に何を示唆するかなどについて見ていく。そして最終章ではそれをもとに、「軍事研究をしない」という方針を再検討するにあたり見失ってはならないと思われる論点を拾い上げていく。

このように本書のテーマは「軍事研究」である。「軍事研究」と「　」を付したのは、軍事研究そのものもさることながら、軍事研究をめぐって起きた事件や論争に主たる関心があるからである。「軍事研究」を振り返ることが、軍事研究をめぐる今日の議論を稔りあるものにすることにいささかなりとも寄与することを願う。

本書で用いるいくつかの用語について、予めお断わりしておきたい。

まず、軍事研究という語について。軍事研究をめぐる論争では、何が軍事研究なのか自体が重要な争点の一つである。したがって本書では、軍事研究という語の意味を、あらかじめ明確に定義してしまうことができない。むしろ、多様な論争を幅広くカバーすることができるよう、軍事研究という語の意味をできるだけ緩くとらえておくのが望ましい。そこで本書では、誰かが「それは軍事研究ではないか」と指摘したもの、あるいは指摘するかもしれないものは、すべて軍事研究の範疇に含めて叙述を進めていく。したがって、たとえば次のようなものがすべて軍事研究に含まれることになる。

- 軍（および軍関連機関）が行なう研究
- 軍（および軍関連機関）が資金、設備、ロジスティック、その他の面で支援する研究
- 戦争や紛争に関連して用いられるもの、または用いられる可能性のあるものに関する研究

なお、心理学やメディア学など人文社会科学の領域にも軍事研究と関係の深い分野があるが、本書では自然科学（医学を含む）の領域を中心に扱う。ご了承いただきたい。

本書の主たる関心は、日本における軍事研究および軍事研究をめぐる論争である。しかし日本と米国との関係が深いことから、米国の事例も扱う。米国で「軍」といえば、陸海空軍、海兵隊、沿岸警備隊などである。対する日本には「軍」は存在しない。憲法により「戦力」の保持が禁じられており、自衛隊は「自衛のための必要最小限度の実力」（自衛力）をもつのみであって、「戦力」をもった「軍」ではない。しかし本書では、自衛隊を念頭に置いて「軍」と記述する場合がある。自衛隊は日本にお

いて、米国における米軍に対応する組織であり、日米それぞれに関する記述の連続性を保つには日本についても「軍」と記述するのが好都合である。記述が煩雑になるのを避けるのが目的であって、自衛隊は軍であるとか、軍であるべきだといったことを意味するものではない。

「軍事研究」の戦後史——科学者はどう向きあってきたか　目次

略号一覧

ARPA（Advanced Research Projects Agency）高等研究計画局
BMI（Brain-Machine Interface）ブレイン・マシン・インタフェース
C^3I（Command, Control, Communication, and Intelligence）指揮・統制・通信および情報
CPGS（Conventional Prompt Global Strike）通常戦力による迅速グローバル打撃
CSTP（Council for Science and Technology Policy）総合科学技術会議（二〇一四年五月から総合科学技術・イノベーション会議（CSTI）と改称）
DARPA（Defense Advanced Research Projects Agency）国防高等研究計画局
DEW（Directed Energy Weapon）指向性エネルギー兵器
ICBM（Intercontinental Ballistic Missile）大陸間弾道弾
ICSU（International Council of Scientific Unions）国際学術連合会議（一九九八年にInternational Council for Science（国際科学会議）と改称）
IDA（Institute for Defense Analyses）防衛分析研究所
ImPACT（Impulsing PAradigm Change through disruptive Technologies）革新的研究開発推進プログラム
JAMSTEC（Japan Agency for Marine-Earth Science and Technology）海洋研究開発機構
JAXA（Japan Aerospace Exploration Agency）宇宙航空研究開発機構
JSTARS（Joint Surveillance Target Attack Radar System）統合目標監視攻撃システム
KEW（Kinetic Energy Weapon）運動エネルギー兵器
LLNL（Lawrence Livermore National Laboratory）ローレンス・リバモーア研究所
MD（Missile Defense）ミサイル防衛

MIDAS（Missile Defense Alarm System）（米国の）弾道ミサイル早期警戒衛星
NAL（National Aerospace Laboratory of Japan）航空宇宙技術研究所
NAS（National Academy of Sciences）全米科学アカデミー
NASA（National Aeronautics and Space Administration）アメリカ航空宇宙局
NASDA（National Space Development Agency of Japan）宇宙開発事業団
NIH（National Institute for Health）アメリカ国立衛生研究所
NRC（National Research Council）全米研究評議会
NSABB（National Science Advisory Board for Biodefense）生物テロ防御のための科学勧告委員会
PTSD（Post Traumatic Stress Disorder）心的外傷後ストレス障害
QDIP（Quantum Dot Infrared Photodetector）量子ドット型赤外線センサー
QWIP（Quantum Well Infrared Photodetector）量子井戸型赤外線センサー
RMA（Revolution in Military Affairs）軍事における革命
SALT（Strategic Arms Limitation Talks）戦略兵器制限交渉
SDI（Strategic Defense Initiative）戦略防衛構想
SDIO（Strategic Defense Initiative Organization）戦略防衛構想局
SLAC（Stanford Linear Accelerator Center）スタンフォード線形加速器センター
SSA（Space Situational Awareness）宇宙状況監視
SSRL（Stanford Synchrotron Radiation Laboratory）スタンフォード・シンクロトロン放射研究所
START（Strategic Arms Reduction Talks, Strategic Arms Reduction Treaty）戦略兵器削減交渉、戦略兵器削減条約
UUV（Unmanned Underwater Vehicle）海中無人機（無人水中航走体とも）
WFSW（World Federation of Scientific Workers）世界科学労働者連盟

第1章　「軍事研究」前史――ダイナマイトから七三一部隊まで

1　欧米の科学者たち――戦争にどう向きあったか

（1）ダイナマイトとノーベル賞

アルフレッド・ノーベルといえば、ダイナマイトの発明者であり、ノーベル賞の創設者でもある。この両者、ダイナマイトの発明とノーベル賞創設との間にどんな関係があったのだろうか。

ノーベルがダイナマイトを発明したのは、その破壊力を利用すれば土木工事が容易になるなど、人々の役に立つと思ってのことだった。ところが現実には戦争にも用いられ、人類に大きな災厄をもたらした。そのことに彼は罪悪感を覚え、ノーベル賞の創設を思い立った。このように考えている人が多いかもしれない。

アインシュタインもかつて言った。「ノーベルは、それまでで最も強力な爆発物、ずばぬけて優秀な破壊の手段を発明した。それを償うために、また人としての良識を回復するために、ノーベル賞を創設した」と。[1] 一九四五年一二月、ノーベル賞創設五〇周年を記念した晩餐会でのことである。日本に原爆が投下されて四ヶ月後であり、原爆開発の引き金を引いてしまったという自らの後悔の念をノーベルに重ね合わせていたに違いない。

しかし、ダイナマイトの発明とノーベル賞（贖罪、ないし平和を希求する思い）との関係は、そう単純でない。[2]

ノーベルがダイナマイトを発明し、スウェーデンや、イギリス、アメリカなどで特許を取得するのは、一八六七年のことである。その後一八七〇年代後半になると、のちに平和運動家としてオーストリアを拠点に活躍するズットナー女史（一九〇五年にノーベル平和賞を受賞）と交流を持つようになり、ノーベル自身も平和問題に関心を持ち始める。そしてオーストリア平和協会の会員となり、資金援助をすることもあった。

しかしノーベルはその一方で、ダイナマイトの改良を進めて無煙火薬（バリスタイト）を発明したり、ロケットや大砲の研究開発に取り組むなど、戦争に関係する事業を継続した。事業家として、戦争でも使われる爆薬や火器を扱うことと、平和の問題に関心を持つことが、彼のなかで矛盾なく並存していたのである。

「善意だけでは平和は達成できない」とノーベルは考え、ズットナーのように平和会議の開催に力点を置く運動に懐疑的だった。紛争を解決するための国際法廷など、もっと現実的な手段が必要だと考えたのである。自分のダイナマイト工場について、ズットナーにこう言ったこともある。「あなたの開催する会議よりも私の工場のほうが早く戦争を終わらせるかもしれません。両軍の部隊があっという間にお互いを消滅させることができるようになれば、文明国は間違いなく恐怖に駆られ、軍隊をなくするでしょう」。

いわゆる「抑止力」の考えである。しかしその後の歴史は、圧倒的な威力を持った核兵器が出現してもなお軍隊がなくならないことを示している。

(2) ハーバーと毒ガス

一九一四年七月、ドイツはイギリス、フランス、ロシアなどを相手に戦争を始めた。第一次世界大戦である。ドイツは、いったんこの戦争を始めると敵国に周囲を囲まれてしまい、外国から物資を輸入することが困難になり、戦争の遂行に不可欠な爆薬すらも製造できなくなりかねなかった。しかし化学者のフリッツ・ハーバーが、その危惧を吹き飛ばしてくれていた。

ＴＮＴ火薬やピクリン酸（下瀬火薬）などは、硝酸を原料の一つにして製造される。その硝酸は、高熱の白金触媒を用いてアンモニアを酸化するという方法（オストワルド法）で製造できる。そしてアンモニアは、ハーバーと助手のル・ロシニョールが一九〇九年に開発した方法（ハーバー法）で、空気中に大量に含まれる窒素から製造することができたからである。もっとも彼らは、食糧増産に必要な窒素肥料を製造するために、この方法を開発したのであったが[3]。

空気中の窒素からアンモニアを製造する方法に途を開いたハーバーは、その効によりカイザー・

ヴィルヘルム協会（第二次大戦後にマックス・プランク協会となる）の物理化学・電気化学研究所所長に迎えられる。そしていざ戦争が始まると、毒ガスを開発することによっても祖国に貢献した[4]。

ハーバーは当初、塩素ガスを容器から放出し、風とともに敵陣に送り込むという戦法を軍に提案した。塩素は、既存の民生用生産設備を利用して簡単に製造できたし、液化して容器に詰めれば輸送も容易だったからである。そして一九一五年四月二二日の夕刻、西部戦線のベルギー領イープルで、塩素ガスがフランス軍に対して用いられた。六〇〇〇本の円筒容器から一五〇トンの塩素を放出したところ、地上一〇～二〇メートルのところに黄緑色の雲のように漂いながら、風でゆっくり敵陣に流れ込んでいった。しかし、いったんはフランス軍を混乱に陥れたものの、直ちにカナダとの連合軍に反撃され、前進を阻まれた。数日後にはイギリス軍に対しても塩素ガスを使ったが、この時も大きな戦果をあげることができなかった。

ハーバーは、カイザー・ヴィルヘルム研究所の研究者たちの力を結集して、さらに研究を進めた。フォスゲンやマスタード（イペリット）など毒性の強いガス、それらの効率的な製造方法、砲弾など投射体を使って散布する方法、新種の毒ガスから身を守るための高性能マスクなどの開発に邁進する。

ただし、毒ガスを開発し実戦で使用したのは、ドイツだけでなかった。一九〇七年のハーグ陸戦条約で、「毒、または毒を施した兵器の使用」が禁じられていたにもかかわらず、イギリスではロンドンのインペリアル・カレッジで化学者が様々なガス兵器の研究開発を進めていた。フランスでは、塹壕や地下壕から敵を誘い出すための催涙弾の生産と備蓄を始めていた。こうした下地があったおかげで、両国はドイツが最初に毒ガスを使ったあと短期間で、防毒マスクと毒ガスの開発を進めることができた。一九一五年の秋には毒ガスを使った反撃を開始するまでになる。一九一七年四月になって参戦したアメリカでも、イギリスとフランスから情報を得て毒ガスの研究が始められ、一九一八年夏以降は、陸軍に化学戦部局が設置され、そこが一手に研究を引き受けた。のちにハーバード大学学長に就くジェイムズ・コナントや、共有結合の発見で知られるギルバート・ルイスなども、毒ガス研究に携わった。

第一次世界大戦の時期に、化学兵器に関わる研究に動員された研究者の人数はおおよそ、ドイツで二〇〇〇人、アメリカで一九〇〇人、イギリスで一五〇〇人、フランスで一〇〇人、計五五〇〇人にのぼるという。研究されたガスは三〇〇〇種以上、そのうち約三〇種が実戦に使用された。毒ガスによる兵士の死傷者は約五三万人、非戦闘員を含めると一〇〇万人近いと推定されている。そのほとんどは、イープルでの戦闘よりあとの犠牲者である。

ハーバーは一九一九年、アンモニア合成法を開発した業績で、一九一八年のノーベル化学賞を受賞する。これに対し、フランスやイギリス、アメリカの科学者たちが、強い反発の声をあげた。アンモニア合成法こそ戦争の継続を可能にした元凶だったし、さらに毒ガス開発でもハーバーが主導的な役割をはたしていたからである。この非難はしかし、連合国側の毒ガス開発と使用を不問に付している点で、公平さを欠くと言うべきだろう。

なおハーバー自身は、戦時中の自らの行為が間違っていたとは考えなかった。化学兵器を最初に使ったのはフランスであり、ドイツはそれに反撃する形でイープルで使い始めたのだ、それも塩素ガスを容器から自然に放出しただけで、投射体に籠めて使用したのではないからハーグ陸戦条約に抵触しない、と主張した。それに、毒ガスは銃や爆弾など既存の兵器に比べはるかに殺傷率が低く、また回復率も高い、と考えてもいた。

(3) アメリカの化学者たちの行動

第一次世界大戦が終わって七年ほどのちの一九二五年六月、化学兵器と生物兵器を戦争で使用することを禁止する条約、いわゆるジュネーブ議定書が採択された。毒ガスの使用を禁止する議定書を作成しようというアメリカ代表団の提案に、生物兵器の使用禁止も追加するよう求めたポーランドの提案を抱き合わせる形で採択されたのである(5)。ところが奇妙なことに、言い出しっぺのアメリカがこの議定書を批准しなかった。化学史家の古川安(ふるかわやす)が、先行研究も参照しながらその背景を明らかにしている。毒ガスの研究を肯定する化学者たちが議会に圧力をかけ、批准させなかったのだという(6)。

化学は第一次世界大戦を契機に産業や軍事と結びつきを強めた。そして化学者の地位も向上し、研究環境も格段によくなった。それだけに、戦争が終わるとアメリカの化学者たちは、この好条件が失われること、とりわけ化学戦部局が解体されることを怖れた。ジュネーブ議定書が議会で批准されれば、化学戦部局が廃止され、大学で行なわれている化学戦に関する研究が大幅に縮小されるだろうし、化学物質の製造が国際連盟の監視下に置かれるかもしれなかった。

そこで化学戦部局の首脳たちは、アメリカ化学会の会長らと共同戦線を張り、産業界も巻き込んで批准反対運動を繰り広げ、大統領や議員らに積極的に働きかけた。国民に向けても化学兵器についての啓蒙活動を展開し、通常兵器より毒ガスのほうが生存率が高く「人道的」であると強調した。こうした運動の結果、議会で批准反対派が勝利をおさめる。「国防上の義務感という以上に、科学者共同体の地位や利益を守る動機が働いていた」と古川は言う。

(4) 原爆開発

一九三八年一二月、ドイツのカイザー・ヴィルヘルム化学研究所のオットー・ハーンとフリッツ・シュトラスマンが、ウランの核分裂を発見した。その情報は、論文として翌年一月に公表されるよりも前にアメリカに伝わり、ナチスの迫害を逃れて亡命してきていたユダヤ人科学者たちの間に、ドイツが原子爆弾を開発して使用するのではないかとの危惧が高まった。三月になると、ドイツがチェコスロバキアのウラン鉱山を接収したとの情報も伝わってきた。

夏になって、アインシュタインがルーズベルト大統領宛の手紙に署名した。核分裂の連鎖反応を利用した「きわめて強力な新型爆弾」がドイツで製造される可能性があると注意を促す手紙である(7)。アメリカに亡命してきていたハンガリーの物理学者レオ・シラードが原文を作成した。署名の日付は八月二日であるが、手紙を預かった経済学者サックスが大統領に手渡したのは、その二ヶ月後である。なお、この手紙で想定されているのは天然ウランを使った爆弾であり、今にしてみれば実現性のないものであった。

この手紙が一つの契機になってウラン委員会が設立されるが、まだ原爆開発には至らない。開発が始動するのは、一九四二年八月、レズリー・グローヴス陸軍准将を総司令官とする「マンハッタン計画」がスタートしたときである。本部がニューヨーク市マンハッタンにあったのでこの名で呼ばれるが、実際の研究の中心地は、ニューメキシコ州ロスアラモスに設けられた研究所（所長はロバート・オッペンハイマー）である。研究者とその家族あわせ六〇〇〇人という一つの町が、砂漠の中に忽然と現われた。このほかにウラン濃縮工場やプルトニウム生産のための原子炉など別の施設が全米各地に設けられ、それらを総動員して原爆の製造が進められた。総額二〇億ドルの資金と、最大五五万人（そのうち科学者・技術者は一二万人）を投入したビッグ・プロジェクトであった。

マンハッタン計画では、一九四五年七月までの三年間に、三つの原爆が製造される。広島に投下することになるウラン爆弾と、長崎に投下することになるプルトニウム爆弾、それと、事前実験用のプルトニウム爆弾である。事前実験（暗号名「トリニティー」）は、一九四五年七月一六日にニューメキシコ州アラモゴードの砂漠で成功裡に行なわれた。

マンハッタン計画には、アメリカの科学者や、アメリカに亡命してきた科学者たちだけでなく、イギリスやカナダなどの科学者たちも協力した。しかし、ソ連の科学者たちは誰一人として参加しなかった。いや、アメリカが参加させなかった。

（5） 物理学者ロートブラットの体験

一九三二年に中性子を発見したイギリスの物理学者ジェームズ・チャドウィックも、マンハッタン計画に参加した一人である。そして、ポーランドからチャドウィックのもとにやって来ていたジョセフ・ロートブラットも、チャドウィックといっしょにロスアラモスに移り住み、原爆の開発に携わった。ロートブラットもまた、ほかの科学者たちと同じように、ドイツより先に原爆を製造して「これで反撃するぞ」と脅すしか、ヒトラーの原爆使用を止める手はないと考えていた。そのロートブラットが戦後になって、実は次のような出来事があったのだと明らかにしている(8)。

一九四四年三月のある日、グローヴス将軍がチャドウィックらの部屋にやって来て雑談していたときのことである、グローヴスの口からこんな言葉が出てきた。「原子爆弾を作るほんとうの目的は、ソビエトをやっつけるためなんだ」。何という裏切りだろう、とロートブラットは強烈な衝撃を受ける。ちょうどそのころソ連は連合国の一員として、東部戦線で多大な犠牲を払ってナチス・ドイツの軍隊と戦っていた。我々が開発している兵器をそのソ連に対して使おうというのか、とロートブラットは驚いたのである。

一九四四年も終わりに近づいたころ、ロートブラットは密かに聞いていたBBC放送などを通して、ヨーロッパでの戦いが終わりに近いこと、ドイツが原爆開発を断念したことを知った。そこで彼は、マンハッタン計画から身を引こうと思う。上層部に申し出ると、スパイの疑いをかけられるなど、いくつもの障害に出会う。それでもなんとか一九四四年のクリスマス・イブに米国を発つことができた。

ほかの科学者たちは、なぜ、原爆開発の理由であったナチス・ドイツが一九四五年五月に敗北した時点で、マンハッタン計画から身を引こうとしなかったのだろうか。この点についてロートブラットは、自らのロスアラモスでの体験をもとに、こう述べている。

多くの科学者は、純粋に科学上の好奇心に駆られていた。だから、理論的に予想されたことが本当にその通りに起きるかどうか、アラモゴードでの実験で確かめたくて仕方がなかった。これらの人たちは、アラモゴードでの実験が成功したあとになって、原爆を実際に使用することの是非について考え始めた。このほかに、原爆投下で戦争を早く終わらせればアメリカ兵の犠牲を減らすことができると考える者もいたし、原爆開発計画にあれこれ意見を言うと、自分の将来に不利益が生じると考える者もいた。

しかし、原爆を使うことの是非について曲がりなりにも考えたこれらの科学者たちは少数派だった、とロートブラットは言う。大多数の科学者たちは、良心の呵責を感じる様子もなく、研究成果をどう使うか決めることは他の人に任せるという態度だった。

第二次大戦が始まる前の一九三六年に、ジョン・バーナルやジョゼフ・ニーダムらケンブリッジ大学の二二名の科学者たちが連名で科学雑誌『ネイチャー』に「科学労働者と戦争」と題する文章を寄せ、「もしすべての科学者が反対するならば、戦争は不可能であろう」と述べていた[9]。しかし現実は、この理想からほど遠いものだったのだ。

「純粋科学の研究であっても、すぐに何らかの応用先が見つけられてしまう」。こうつくづく思ったロートブラットは、戦後、核物理学を人々に役立てるような研究をしようと思い、核物理学の医学への応用を研究テーマとする。[10] その傍ら、パグウォッシュ会議（次章参照）を創設するなど、科学者による平和運動にも力を注ぎ、一九九五年にパグウォッシュ会議とともにノーベル平和賞を受賞した。

2　日本の科学者たち──軍事研究が当たり前の時代に

（1）寺田寅彦の軍事研究

「災害は忘れた頃にやって来る」。物理学者の寺田寅彦(てらだとらひこ)は、この通りの言葉を書き残したわけではないが、東京帝国大学地震研究所の所員として地震や火災の被害や防災について研究し、いくつかの文章にこのような趣旨のことを書いている。

寺田の研究テーマは、地震や火災だけでなかった。一九二〇年代から三〇年代にかけ、東京帝国大学の航空研究所、あるいは財団法人理化学研究所で、流体やコロイド、粉体、放電、破壊、燃焼など、幅広いテーマについて精力的に研究を行なった。また、これより前の一九一三年、理学部の助教授だったときに、結晶格子によるX線反射の条件を論じた論文を発表した。これは、イギリスのブラッグ父子が一九一五年にノーベル賞を受賞する業績に比肩されるものであり、研究協力者の西川正治(にしかわしょうじ)とともに一九一七年に帝国学士院恩賜賞を受賞した。

寺田寅彦は、俳諧や、科学を素材にした随筆（科学随筆）を数多く書き残したことでも知られる。

熊本の第五高等学校で夏目漱石に英語を学んで以来、ずっと漱石と親しく交わってもいた。『吾輩は猫である』の水島寒月や『三四郎』の野々宮宗八のモデルだともいわれる。

このように文人色の濃い寺田寅彦であるが、物理学者として軍に協力することも厭わなかった。一九二四年の三月一九日、神奈川県の追浜を出発して茨城県の霞ヶ浦に向かっていた海軍の飛行船が、現在の取手市戸頭の上空で突然爆発し、五名の乗員が全員焼死するという事故が起きた。海軍は航空船査問委員会を組織して、事故原因の究明を航空研究所の所員寺田寅彦に託し、研究費や研究用資材も提供した。寺田はその期待に応え、気象条件により飛行船が大きく動揺したため気嚢から水素が漏れ出し、それに飛行船の無線通信機で発生した火花が引火して爆発が起きた、と原因を解明した。[11]

当時、理化学研究所で寺田寅彦の助手として火花放電について研究していた中谷宇吉郎(なかやうきちろう)も、一年先輩の湯本清比古とともに、寺田による原因究明の活動を支えた。わずかに漏れ出す水素に、小さな火花でも火がつくことを実験で確認したのである。そして中谷も、寺田の衣鉢を継いで数多くの科学随筆を書き、その一つ「球皮事件」(一九三八年発表)では、寺田が詳細な調査と巧妙な実験で原因を突き止めていく様子を叙述して、寺田の実験科学者としての偉大さを描いた。[12] しかし当時の随筆読者たちは誰一人として、寺田(や中谷)を軍事研究に手を染めていると非難することはなかった。陸海軍が存在することは当たり前と考えられていたし、その陸海軍を科学者が研究面で支えるのも当たり前と考えられていたのである。

そもそも一八八六年に制定された帝国大学令は、第一条で大学の役割について、「帝国大学は国家の須用(しゅよう)に応する学術技芸を教授し及其蘊奥(うんのう)を攷究(こうきゅう)するを以て目的とす」と謳っていた。国家に奉仕することが、大学そして大学人の任務だったのである。この点は、戦後における大学の位置づけと比べてみるとわかりやすい。一九四七年に制定された学校教育法は第八三条で、大学について次のように定めている。

大学は、学術の中心として、広く知識を授けるとともに、深く専門の学芸を教授研究し、知的、道徳的及び応用的能力を展開させることを目的とする。

二　大学は、その目的を実現するための教育研究を行い、その成果を広く社会に提供することにより、社会の発展に寄与するものとする。

大学は、国家ではなく、学術そのもの、ないし教育を受ける個々人に貢献するのだと最初に謳い、それを通して間接的に「社会」に貢献する、というのである。

（2）東京帝国大学の工学部と海軍の平賀譲

一般に、大学の理学部における学問よりも工学部における学問のほうがはるかに「現場」に近い。それゆえ、帝国大学と軍との結びつきは、工学部においてもっと直接的な形で認めることができる。(13)

東京大学工学部の前身である帝国大学工科大学は、一八八六年三月に、土木工学科、機械工学科、造船学科など七つの学科でスタートし、翌年に火薬学科と造兵学科が増設された。

当時は、ダイナマイトや無煙火薬など各種の近代火薬類が次々と発明されていた頃であり、火薬学科の講義は当初、陸軍砲兵大尉天野富太郎（あまのとみたろう）や海軍大技士の石藤豊太（いしどうとよた）など陸軍や海軍から派遣された者が、兼任教官として担当した。

造兵学科では、火砲（口径の大きい火器）や水雷（魚雷など、爆薬を詰めて水中で爆発させ敵艦を破壊する兵器）、砲架（砲身を載せる台）の構造や製造法、火薬学、弾道学などが講義された。時代があとになると、潜望鏡や探照灯、照準具などの光学兵器に関する授業や、精密兵器の製作に不可欠な精密加工学の授業が加えられるなど、兵器の発展に応じて内容が拡充されていく。この造兵学科でも、当初は陸軍や海軍から講師を招いて授業が行なわれた。

このように東京帝国大学工学部は、学科の構成や授業担当教員などの面で、発足の当初から陸海軍と密接な関係をもっていた。

工科大学（工学部）は、学生の受け入れの面でも軍との関係を強めた。一八九七年に設けた「海軍学生」の制度がその例である。海軍が、工科大学在学中の学生のうちで志願する者に試験を行なって優秀な学生を選抜し、その学生に毎月一定の学資を支給して、卒業後は造兵・造船・造機の各部署に分けて海軍中尉に任ずるという制度である。たとえば一九三五年から四〇年についてみると、年平均二八人が海軍学生に採用されている。

一九〇〇年には「陸軍砲工学校員外学生」の制度も設けた。陸軍砲工学校甲種学生の課程修了者のうちから成績優秀な将校を選抜し、工科大学（のち工学部）に定員外で入学を許可するもので、造船学科を除く全学科で受け入れた。

軍との関係は、一九四五年の敗戦まで、様々な形で続いた。一九二三年には火薬学科に「化学兵器学」の講座が設置される。初代の教官は陸軍科学研究所の久村種樹（ひさむらたねき）で、兼任の講師として授業を担当した。久村は東京帝国大学工学部火薬学科を卒業したあと陸軍に入り、第一次大戦後に欧州を視察する。そのときの見聞をもとに毒ガス兵器研究の重要性を主張し、陸軍科学研究所でその研究を推進していた。

一九四〇年代に入ると、工学部の各学科に新しい講座が次々と設けられる。そのほとんどが軍事的要請によるもので、設置理由の文書には「近代科学戦」「理学兵器の優劣が勝敗を左右する」「高度国防国家の樹立のため」などの言葉が踊っていた。兵器の大量生産の方法を研究する「造兵学第五講座」を設置するにあたっては、万一予算の都合でこの講座が削除される事態になったら陸軍の予算の一部を犠牲にしてでもよいから実現して欲しいと陸軍が言うほど「軍部の熱烈なる要望」があった。

一九四二年には、技術者を大量に養成するため、千葉市に第二工学部も新設する。その経緯について、『東京大学百年史』はこう述べている。

かねてから学部内に新学部増設の希望はあったものの、その設置の急な決定までのプロセスは、軍部の完全な主導権のもとに、一部の関係者だけで秘密裡に終始し、議論の余地のない既定の事柄としてなされた新学部開設の発表は、総長を除くほとんどの大学関係者にとって寝耳に水であったが、評議会においても結局は事後承認をするしかなかった。

学内でほとんど一人で事を進めた総長とは、平賀譲(ひらがゆずる)である。平賀は一九〇一年に東京帝国大学工科大学造船学科を首席で卒業して海軍省に入り、大艦巨砲時代の日本海軍で軍艦設計者として名を馳せた。一九三二年から東京帝国大学の専任教授となり、定年退職後の一九三八年一二月には総長に迎えられたのだった。

(3) 日本における原爆開発

第二次大戦中、日本でも原爆の開発が進められていた。[14] 陸軍の支援で仁科芳雄(にしなよしお)(理化学研究所の物理学者)のグループが一九四三年九月から開始した「二号研究」(「二」は仁科の姓に由来)と、海軍の支援で荒勝文策(あらかつぶんさく)(京都帝国大学の物理学者)のグループが一九四四年一〇月頃から本格的に開始した「F研究」(Fは核分裂(nuclear fission)のFに由来)である。このうち後者は、理論的な検討を進めたものの、肝心のウラン鉱を入手することができないとして、一九四五年七月に研究を止めた。それに対し前者は、ウラン濃縮のための試験的な装置を建設し、ウランの探査も進めた。

しかし、その規模たるや、アメリカのマンハッタン計画に比べ、はるかに小さいものだった。金額では、日本の計画は大きく見積もってもマンハッタン計画の〇・二五%、用いられたウランは、広島原爆だけと比べても〇・四%未満である。仁科たちが苦労して作り上げ稼働を始めていたウラン濃縮装置も、一九四五年四月に空襲で焼失してしまった。しかも、焼け跡に残されていたウラン試料を調べてみたところ、濃縮できていなかった。

日本の原爆計画は、およそ成功の見込みがなかったと言わざるを得ない。仁科からして、「南方で将兵が苦労しているときに、見通しもわからぬこんな研究に、われわれが金を使っていていいんでしょうか」と陸軍の担当者に言っていた。「二号研究」が始まったばかりの頃である。これに対し「何も今度の戦争に間に合わなくてもいいんです」という答が返ってきたという。陸軍にとっても海軍にとっても、原爆開発計画は「実現することよりも、「やっている」ことに意味があったのかもしれない」と科学史家の山崎正勝（やまざきまさかつ）は言う。

アメリカのマンハッタン計画に参画した科学者の多くには、ナチス・ドイツよりも先に原爆を開発するのだという強力な動機があった。仁科芳雄や荒勝文策ら日本の科学者にはどういう動機があったのだろうか。

F研究のリーダー荒勝文策は、「原爆研究をやることによって、優秀な若い研究者を戦地へやらなくてもすむようになる」と思って研究を引き受けた、「仁科君も同じような考え方だった」と後に語っている。二号研究に誘われた物理学者の武谷三男（たけたにみつお）も、日本の工業力では原爆はできないと思っていたので、研究に「参加することに、ぼくは罪の意識をまったく感じなかった」「この研究をやっておれば、兵隊にとられることもないという点にも魅力があった」と率直に語っている。原爆開発とは別の軍事研究に関わった他の指導的研究者も、大なり小なり、若手研究者が戦場に行かなくても済むよう配慮していたことであろう。

仁科や荒勝の場合、もう一つ重要な事実がある。彼らは、原爆開発という応用研究と同時に、原爆開発とは関係のない、サイクロトロンを用いた原子核の基礎研究も並行して行なっていたという事実である。それも、原爆開発のための研究費の一部を用いてである。たとえば仁科の場合、ニ号研究が始まる二年ほど前から小型のサイクロトロンを使って核分裂の研究を行なっており、ニ号研究が始まってからも大型のサイクロトロンを建設し実験する作業を続けていた。

ただし、仁科や荒勝が、軍事研究を隠れ蓑にして基礎研究を行なっていた、というのではない。軍も「原子物理学の基礎研究の振興のために、サイクロトロンの建設を正式に支援していた」と山崎正勝は指摘する。日本は、科学技術に関する基礎的な情報を欧米に依存していたので、戦争が始まると物資だけでなく科学情報も途絶する可能性があった。それゆえ、「技術の躍進」だけでなく「研究の振興」も戦時動員政策の柱になっていたのだという。[15] 戦争が、必ずしも基礎科学の軽視を招来するわけではないのだ。

(4) 七三一部隊による生物兵器研究

旧日本軍には、生物戦を担う部隊があった。[16] 一九三二年に東京の陸軍軍医学校に設置された防疫研究室と、一九三六年から四二年にかけ旧満洲ハルビン郊外の平房や、北京、広東、南京、シンガポールの五カ所に順次設けられた関東軍防疫給水部（およびそれらの支部）、それと新京（現在の長春）に設けられた関東軍軍馬防疫廠である。平房の部隊は関東軍防疫給水部の本部であり、「満洲第七三一部隊」と通称された。七三一部隊を創設したのは陸軍軍医の石井四郎であり、部隊長も長きにわたって務め、防疫給水部全体の研究活動を指揮した。

七三一部隊では、ペストやコレラ、天然痘など、確認されているだけで二五種類の病気について、原因の解明や、生物兵器の開発、ワクチンの開発のために人体実験を行なっていた。人体実験で殺害した人数は、敗戦までの一〇年間に二〇〇〇人とも三〇〇〇人とも言われる。また生物兵器を実際に使用もした。一九三九年から四二年にかけ、ノモンハンや寧波（杭州湾をはさんで上海の対岸にある）など四カ所で、腸チフス菌を川に流したり、ペスト菌を持つネズミの血を吸ったノミを低空飛行の飛行機から播くなどしたのである。

石井四郎は、七三一部隊などの創設にあたり、人材（医学者）の確保などで医学界の大御所たちから支援を得た。そして内地の少なからぬ医学者たちが七三一部隊を視察に訪れた。このことから科学史家の常石敬一は、「七三一部隊、そして後には石井のネットワーク全体での人体実験が日本の医学界では公然の秘密、あるいは周知の事実だった」と結論している。

終戦後アメリカ軍は、一九四五年九月から石井四郎の部下たちの戦時中の活動について調査を開始し、一一月には報告書をまとめる。しかし、研究上の情報を提供すれば戦犯訴追はしないという条件で聞き取りを行なったのだが、人体実験のことははぐらかされた。年末になって、それまで地下に潜っていた石井四郎も、陸軍参謀だった服部卓四郎の指示で出頭し、翌年の初めに戦犯免責を得てアメリカ軍の調査に応じる。アメリカはこのときも人体実験のことははぐらかされた。

ところが、ソ連が石井たちの人体実験の証拠をつかむ。そして一九四六年の年末になって、彼らに尋問する機会をアメリカに求めた。だがアメリカは、石井たちに再び戦犯免責を与えて自分たちで先に人体実験の情報を収集し、ソ連には口をつぐむよう石井たちに求めた。こうして、石井たちが敗戦時までに日本へ持ち帰っていた実験データや標本類などはアメリカに渡る。[17] 日本やソ連、ドイツ、イギリス、カナダなどが一九二〇～三〇年代に生物兵器の研究を始めたのに対し、アメリカは一九四二年になってからと、出遅れていた。それだけに、日本のデータは貴重であったことだろう。

石井たちはアメリカとの取引で戦犯追及を免れた。そして石井のもとで働いていた医学者の多くが、戦後も医者として活動した。なかには、大学の学長や学部長、あるいは国立予防衛生研究所の所長などに就いた者もいる。彼らの責任はうやむやにされてしまった。石井ら当事者だけでなく、戦後に彼らを何ごともなかったかのように受け入れていった医学界も含め、軍事研究、それも人体実験さえも辞さなかった軍事研究について、真摯に反省することはなかった。

第2章　冷戦がすすむなかで——大学が聖域になったとき

1　日本学術会議の声明

（1）「学者の国会」誕生

一九四九年一月二〇日の朝は、天気がよく寒かった。敗戦からまだ三年半、東京上野にある学士院会館の講堂は、固定座席にこそ電熱線が通っていたが、補助席には何もなかった。しかも電熱線は停電や故障で用をなさないことがしばしばだった。全国各地から集まった二〇〇名の学者たちは、コートを腰に巻いて暖をとり、休憩時間には控え室の大きな火鉢で手を温めながら熱心に議論を進めた。日本学術会議の第一回総会がこの日から始まったのである。[1]

敗戦後の日本では、GHQの指導のもと社会の様々な領域で民主化が進められた。学術界もその例に漏れず、敗戦まで中核的な学術団体として君臨していた帝国学士院や、学術研究会議、財団法人日本学術振興会が改組あるいは解体され、あらたに日本学術会議が設けられた。

一九四八年七月に成立した「日本学術会議法」は学術会議について、「科学の向上発達を図り、行政、産業及び国民生活に科学を反映浸透させることを目的」とした活動を行なうと謳っていた。具体的には、科学研究に関する予算のあり方やその配分、科学者による検討が必要な重要施策などについて政府から諮問を受ける、また科学技術の振興や研究成果の活用、研究者の養成などに関する方策を政府に対し勧告する、などの活動を行なうことになっていた。

この学術会議は、内閣総理大臣が所轄する特殊政府組織として設置されたもので、総理府の内局でも外局でもなければ、審議会や委員会などいわゆる付属機関でもない。経費は国庫によって負担されるものの、政府からの指揮命令を受けて活動するのではなく、政府から独立してその職務を行なうものであった。

日本学術会議は「わが国の科学者の内外に対する代表機関」でもあり、会員は研究者たちの選挙によって選ばれた。「学者の国会」とも呼ばれた所以である。学問分野の全体を七つの部（人文社会科学に三つ、自然科学に四つ）に分け、部ごとの選挙により一つの部から三〇名ずつ、合計二一〇名の会員が選出される。どの部にも全国区と地方区ごとの定員があり、全体では、全国区から一六一名、地方区から四九名が選出される。選挙権および被選挙権を持つのは、大学を卒業して二年以上が経過し、研究論文や学会あるいは研究機関の責任者により「研究者であることが証明される者」で、事前に事務局に申し出て名簿に登録された者である。

第一期の会員選挙は一九四八年の秋から年末にかけて行なわれた。登録有権者四万三〇〇〇名あまりのなかから約八〇〇名が立候補し、投票率は約八一％であった。新設された日本学術会議に研究者たちがいかに強い関心を抱いていたか、うかがい知ることができる。翌年の一月二〇日に東京上野で開催された第一回総会に参集したのは、こうして選ばれた会員たちであった。

この日、会員の互選により、化学者の亀山直人（かめやまなおと）（東京大学教授・化学）を初代の会長に選出した。翌二一日には発会式を執り行ない、吉田茂（よしだしげる）首相やケリー博士（ＧＨＱ経済科学局）らの祝辞も披露された。そして二二日には総会で、「日本学術会議の発足にあたつて科学者としての決意表明」を採択した。

……われわれは、これまでわが国の科学者がとりきたつた態度について強く反省し、今後は、科学が文化国家ないし平和国家の基礎であるという確信の下に、わが国の平和的復興と人類の福祉増進のために貢献せんことを誓うものである。……われわれは、日本国憲法の保障する思想と良心の自由、学問の自由及び言論の自由を確保するとともに、科学者の総意の下に、人類の平和のためあまねく世界の学界と連携して学術の進歩に寄与するよう万全の努力を傾注すべきことを期する。……

学術界が、平和をめざして再出発することを謳ったのである。

（2）戦争目的の科学研究をしないと決意表明

日本学術会議はその後、一九五〇年四月二八日の第六回総会で「戦争を目的とする科学の研究には絶対従わない決意の表明」を採択した。日本の学術界が、軍事研究は行なわないという姿勢を明確に示した最初期の事例として、今日もなおしばしば言及される声明である。その全文は次のとおりである。

日本学術会議は、一九四九年一月、その創立にあたつて、これまで日本の科学者がとりきたつた態度について強く反省するとともに科学文化国家、世界平和の礎たらしめようとする固い決意を内外に表明した。

われわれは、文化国家の建設者として、はたまた世界平和の使として、再び戦争の惨禍が到来せざるよう切望するとともに、さきの声明を実現し、科学者としての節操を守るためにも、戦争を目的とする科学の研究には、今後絶対に従わないというわれわれの固い決意を表明する。

この声明は、原案で第一段落と第二段落の間にあった一文を削除するなどいくつかの修正を経て「大多数」の賛成により可決されたのであった。

ところが、である。これから一年もたたない一九五一年三月、同じような趣旨の決議案が再び日本学術会議の総会に提出されると、今度は否決されてしまった。同年の一〇月には、春に否決された決議案の表現を、もっと合意が得られやすいよう緩やかに修正したものが再び総会に提案されるが、これもまた否決されてしまった。いったい何が起きたのだろうか。

（３）一度目の否決

一九五一年三月の第九回総会に提案されたのは、人文社会系、自然科学系あわせて二七名の連名による「戦争から科学と人類をまもるための決議案」である。それは次のようなものであった。

　日本学術会議は、さきに戦争のための科学は行わないという決議を行ったが、最近やかましく論ぜられている再軍備は、平和主義日本国の科学者の任務たる平和のための科学とその研究の自由を圧迫するにいたる虞がある。わが日本学術会議は今日まで平和と国民の福祉のために科学の振興と技術の発達に努力してきたが、さらに今後に於ても再軍備及再軍備等によって惹起される戦争から科学と人類をまもるためにいっそうの決意と努力をすることをここに表明するものである。

新村猛（しんむらたけし）（名古屋大学教授・文学）が趣旨説明を行ない、「現在一部で強く再軍備が論ぜられている状況」にあるので、「昨年四月の総会の決議の精神を、別な形で表明したい」、「昨年総会の決議の精神がなお現在の状況においてもかわっていないということを内外の学会に表明したい」、それが提案の意図だと述べた。[2]「再軍備が論ぜられている状況」とは、朝鮮戦争を背景に一九五〇年八月、警察予備隊が七万五〇〇〇名の規模で発足したことや、中ソを含むすべての交戦国との全面講和でなくアメリカなどと単独講和を結び、かつアメリカ軍の駐留を認めるという主張が強まっていたことを指している。再軍備の是非について踏み込むものではないと新村は強調するが、批判はその再軍備をめぐる点に集中した。

中心的な反対意見は、学術会議はこの種の政治的な発言をすべきでないというもので、法学者の我妻栄（東京大学教授・法学）や尾高朝雄（東京大学教授・法学）などが強く主張した。声明を読む人は文章だけから判断する、その点を考慮すると、声明は再軍備に反対するものだと理解されるだろう。そもそも、戦争から科学を守るのに、非武装がいいのか再武装したほうがいいのか、あるいは外国の武力に守ってもらうのがいいのかなどは、学術会議として統一的な見解を出せるような問題ではない、だからこの種の声明を出すのには反対だというのである。

これに対し提案を支持する者たちは、再軍備がいいかどうかとは無関係に、再軍備の是非が問題になっている現在のような状況下でも戦争の危機から科学と人類を守るのだという、学者としての決意を表明することが目的である、そのことさえも政治的だというのか、と反論した。かりに政治的だとしても、それは「空気のような」政治性であり、学者といえども避けることはできない、と都留重人（一橋大学教授・経済学）も言う。坂田昌一（名古屋大学教授・物理学）はさらに踏み込んで言う。「原子力戦争」さえも取りざたされる今、その悲惨さを知る科学者だからこそ「声を大きくして、戦争から人類ならびに文化を守るということを叫ばなければならない」、この提案が通らないようなら「学術会議成立の意義はまったくないと考える」。

議論の末、この提案は表現を一部改めたうえで投票にかけられた。もとの提案にあった「再軍備及再軍備等によって惹起される戦争から」という表現を、「再軍備等によって誘発されるおそれのある」と弱い表現に改めたのである。それでも投票結果は、賛成六四、反対九二、棄権五で、否決という結果に終わった。

提案が否決された後、上原専禄（一橋大学教授・歴史学）が発言を求め、「この否決が外部に発表されると、〝学術会議が再軍備に賛成した〟ということに受けとられやすい。そこで会長は、この案文の字句ならびに発表方法だけの問題でこの提案が否決されたのであって、決して再軍備に賛成でないということを確認するか」と質した。これに対し会長の亀山直人は「私もそう解釈する、決して再軍備に賛成という意味にはならない」と述べ、会議は閉会した。上原は、提案を否決することも政治性を持つのだと言いたかったのであろう。

（4）二度目の否決

三月の総会で提案が否決された学者たちは、一〇月の第一一回総会で起死回生を狙う。江上不二夫（名古屋大学教授・生化学）や福島要一（もと農林省職員・農学）のほか人文科学者三名も加わり、計五名が共同で「講和条約調印に際しての声明案」と題した次のような文章を提案した。

> われわれは、その発足に当り、日本国憲法の保障する学問、思想、言論の自由を確保するとともに人類平和のためあまねく世界の学界と提携して学術の進歩に寄与せんことを誓い、更にまた戦争を目的とする科学の研究には絶対に従わないという決意をも声明した。この度講和条約調印に際し、われわれは、この従来の声明を再び確認し、その声明の実現を保障している日本国憲法を守るという固い決意を表明するものである。

提案の趣旨説明を行なった長田新（広島大学教授・教育学）は、これまでに確認されてきた学術会議としての姿勢を「良心の問題」として再確認したいのだと強調し、「政治的な含み」があるものでは断じてないと強調した(3)。

批判の口火を切ったのは藤岡由夫（東京教育大学教授・物理学）である。「「戦争を目的とする科学の研究」云々ということは……一つの政治問題である。政治問題に関し学術会議が一つの立場をとるのは適切でない。学術会議はあくまでも政治問題に関与しない、中立的な態度をとるのが望ましい」。森戸辰男（広島大学学長・経済学）は、「日本国憲法を守るという固い決意」という表現に噛みついた。日本が独立や安全を保障していくため武力をもつことを将来にわたって拒否するという、一つの政治的な立場を学術会議が表明することになる、というのである。こうして再び、声明のもつ「政治性」が問題となった。

他方、提案を支持する者たちは、憲法を守ることは国民の義務であり、それを声明に謳うことが政治的というのはおかしい、と反論する。また、学術団体である日本学術会議が政治的影響力をもつような声明を出すことは適切でないという意見については、科学者といえども「真空状態に生きていない」のだから、政治的影響力を無くすことはできない。それどころか、「政治について学者としての立場を明らかにすることは悪いことでないし、むしろ求められている」（戸澤鉄彦・名古屋大学教授・政治学）と反論した。

　こうした論戦について平野義太郎（政治経済研究所・理事）は、こんな発言をした。声明を可決すれば政治的影響があるだろうし、逆に声明を否決してもそれはそれで政治的影響があるだろう、「政治を語らぬと言いながら声明に反対しているかたのほうが遙かに政治的にものを考えて発言しているようにうかがいました」。

「戦争を目的とする科学の研究」は絶対的に禁止されるべきものだろうか、という意見も出た。法学者の我妻栄は言う。たしかに一九五〇年には、「戦争を目的とする科学の研究を行なわない」と学術会議で宣言した。しかし、いま朝鮮半島で戦争が起きているように、国際情勢は変わる。日本の科学者もいつかは「戦争に勝つために動員されて働かなくちゃならぬ」ということもありうる。そうした場合にも「戦争を目的とする科学の研究」に「絶対に」従わないのか。一九五〇年の声明はそこまでは禁じていないのではないか。

　広島で被爆した三村剛昂（広島大学教授・物理学）も言う。一九五〇年四月の声明に賛成したときは「夢を追っておった」、しかし「昨年［一九五〇年］の六月に突然朝鮮事変が起き、そうして世の中はすっかり変わった」（［　］内は引用者による追記。以下同様）。

こうした議論をうけて、弥永昌吉（東京大学教授・数学）が修正案を出す。「絶対に」という句を削除し、「憲法を守る」云々の表現も削除して、次のようにしてはどうかという提案だった。

……更にまた戦争を目的とする科学の研究には従わないという決意をも声明した。われわれは、これらの声明を再び確認し、今後もその精神を守るという固い決意を表明するものである。

このように修正したうえで投票したところ、賛成五六票、反対九三票、棄権三票となった。一九五〇年の声明を「新しい政治状況の下で再確認する」ことが、またも実現しなかったのである。その後も、一九五二年一〇月の第一三回総会にほぼ同様の趣旨の声明案が提出されるが、挙手により賛成少数として否決された。

（5）たび重なる否決の意味するところ

日本学術会議は、戦争目的の科学研究はしないと一九五〇年春に決議しておきながら、その姿勢を再度確認しようという意図で提案された同じような趣旨の決議文を、そのわずか一～二年後に、三度にわたり否決した。どうしてこのような事態になったのだろうか。

まず第一に考慮すべきは、決議を採択した一九五〇年春の総会と否決したときの総会とでは、学術会議の会員が異なるという事情である。学術会議会員の任期は三年、ただし第一期の会員に限り二年と定められていた。そのため一九五〇年一二月に会員選挙が行なわれ、一九五一年一月からは新会員による第二期の学術会議がスタートしていた。二一〇名のうち一〇二名が初当選であったから、会員のほぼ半数が入れ替わったことになる。(4) したがって、同じような内容の声明について採決の結果が異なっても不思議ではない。

また、学術会議の会員に選出された人たちが、学術界に属する人々の意見をどの程度代表していたかも考慮する必要がある。一九四八年一二月に第一期の会員選挙が行なわれたとき、投票率こそ約八一％と高かったが、学術会議なるものの存在が学者たちの間でも、必ずしも広く知られていなかった。そこで日本学術会議では一九五〇年一二月に第二期の選挙を行なうにあたり、『日本学術会議とは何か』というパンフレットを製作して自らの宣伝に努めた。その甲斐もあって、登録有権者数が第一期の約四万三〇〇〇名から、約五万一〇〇〇名に増加した。

他方、第二期の会員選挙では、登録有権者数こそ増えたものの、学術体制の刷新とは別の面で日本学術会議に関心をもつ人たちが増えた可能性がある。実際、予算配分の権利を得られるといった思惑などから、各種の組織やグループが票のかり集めを行なうなど「学者らしからぬ選挙運動」が、第一期にも増して派手に展開された。新聞でも、第七部（医学）の当選者では「封建的学閥割拠主義がものの見事に反映している」し、第五部（工学）では「技術官僚や業界利益代表がハバをきかし」ているると評される始末であった。(5) したがって第二期の会員には第一期の会員に比べ、ＧＨＱが目ざした学術体制の刷新に強い関心を抱く人たちの割合が相対的に少なかったと思われる。

しかし、こうした事情があるにせよ何といっても重要なのは、一九四九年春から一九五一年の間に生じた政治状況の変化である。具体的には、再決議の是非をめぐる総会での議論にも現われているように、朝鮮戦争という形での東西冷戦の激化や、全面講和か単独講和かをめぐる国論の分裂である。すべての交戦国との間で平和条約を締結することを支持する人たちは、一部の国とだけ講和を結び特定の国と軍事協定を結んだり軍事基地を提供することは、かえって戦争の危機を増大することになると主張していた。その一方で、朝鮮戦争の推移を背景に、アメリカとの単独講和を支持する世論が強まってもいた。

興味深い世論調査の結果がある。一九四九年八月の調査で、「世界戦争が起きたとしたら、日本はそれに巻き込まれると思いますか」という質問に対し、巻き込まれると思うと答えた人が五三%、思わないと答えた人が一九%であった。ところが一九五〇年八月の調査で、「米ソ戦が起こった場合、日本は戦火に巻き込まれる可能性があると思いますか」という質問に対しては、巻き込まれる可能性があると思う人が七三%に増加し、思わない人が九%に減少する。(6) 二つの調査の間の一九五〇年六月に朝鮮戦争が勃発していたから、そのことがこの違いに大きく寄与していると思われる。一九五一年の夏以降は、多くの国民にとって戦争がすぐそこにあったのである。かつて声明に賛成したときは「夢を追っておった」という発言や、日本の科学者もいつかは「戦争に勝つために動員されて働かなくちゃならぬ」ことになるかもしれないという発言などは、こうした世論の変化に通じるものであろう。

先の戦争で痛い目に会ったばかりなのだから、とにかく戦争は忌避したいという気持ちが国民の間に強かった、と今のわれわれは思いがちである。ところが、そうでもなかったのである。

一九五一年当時、軍備のあり方について世論は割れていた。一九五〇年八月から五二年三月までの世論調査で、「日本に国を守るための軍隊が必要だ」という人の割合は概ね四〇～七〇%の範囲で、「必要ない」という人の割合は概ね二〇～四〇%の範囲で、それぞれ一方が増えれば他方が減少するという形で変動している。[7] 学術会議の会員の間でも、同様に意見は割れていたであろう。

したがって、声明を否決した一九五一年の学術会議総会で繰り返し表明された「学術会議は政治的なことに関与すべきでない」という意見は、会員の間で意見が割れる問題について、「声明」などの形で学術会議としての意思を一本化することへの抵抗であった、と解することもできそうである。「政治的なことに関与すべきでない」を文字通りに受けとるのは適切でないと思われるのだ。現に学術会議は、以下で見るように、内部に大きな意見対立がない場合には、「政治的なことに関与すべきでない」という姿勢をとらなかった。

(6) 原子力研究に関する声明

一九五四年三月三日、一九五四年度予算案を審議する衆議院予算委員会に予算の修正案が提出され、その日のうちに委員会を通過、翌々日には衆議院本会議で可決された。憲法の規定により、かりに参議院で議決されなくても、三〇日後の四月三日には自然成立することになる。

学術会議に衝撃が走った。その予算に、原子力の開発利用に関する予算、二億六〇〇〇万円（原子炉築造費二億三五〇〇万円のほか、ウラン調査費、資料購入費）が盛り込まれていたからである。[8]

敗戦後の日本では、GHQにより原子力の研究は（航空機の研究などと並んで）禁止されていた。ところが一九五二年四月に講和条約が発効し研究禁止の制約が取り除かれると、原子力研究を再開し原子力の利用に向け前進しようとする動きが、産業界でも学術界でも表面化してきた。しかし一方では、いまの日本で原子力の研究が進められると、とりわけ政府主導の形で進められると、軍事がらみの研究開発になってしまうとして、原子力研究の推進に反対する意見も学者たちの間に根強くあった。

日本学術会議でも、原子力研究を進めるべきか否か、もし進めるならばどう進めればいいかをめぐって、一九五二年夏ごろから議論を始めていたのだが、こうした事情から学術会議としての合意を得ることができないでいた。そこに原子力予算が、事業の担い手さえ決まっていないのに、成立してしまったのである。「まるで、たたみの上に財布をどかりと投げ出して、使ってみろ」と言わんばかりの唐突さだった。[9]

伏見康治（ふしみこうじ）や茅誠司（かやせいじ）（一九五四年一月から日本学術会議の第三期会長）ら原子力研究の推進に肯定的な物理学者たちは、予算の成立を既定事実としたうえでの対策を考えた。そして生まれたのが、科学界のイニシアティブにより「原子力憲章」を制定し、原子力政策が政府主導で危険な方向に進むことに歯止めをかける、そのことで学術会議内でも合意が得られるようにしよう、というアイデアだった。こうして、一九五四年四月の総会に「原子力の研究と利用に関し公開、民主、自主の原則を要求する声明」が提案される。その声明は言う。原子力の利用は、たしかに人類の福祉に寄与しうるものである。しかしその研究は、原子兵器との関連で進歩してきたものであり、原子兵器は今なお世界に暗雲をもたらしている。したがって我々は、「わが国において原子兵器に関する研究を行わないのは勿論外国の原子兵器と関連ある一切の研究を行ってはならないとの堅い決意をもっている」。そしてこの精神を保障するための原則として、公開・民主・自主の三原則を確立するよう政府に求める、と。

この声明は、政府の原子力政策に制約を課そうとするものであり、その意味で政治的なものだった。にもかかわらず、総会に出席していた二〇〇名余りの会員の圧倒的な支持を得て採択された。反対意見を述べたのは一名だけだった。声明には「再軍備反対の匂いがする」というのが反対の理由だった。

学術会議がここまで結束しえた背景には、原子力研究の主導権を政治家に奪われることなく自らの手中に握っておきたいという思いとともに、国内世論の後押しもあった。一ヶ月ほど前の三月中旬、アメリカがビキニ環礁で行なった水爆実験により、漁をしていた第五福竜丸が船員もろとも放射性物質を大量に含んだ「死の灰」を浴びるという事件が明るみに出た。これを機に、原水爆への国民の不安・危惧が急速に高まり、原水爆反対運動が燎原の火の如く全国に広まりつつあったのである。そして、公開、民主、自主の三原則は、のちに原子力基本法（一九五六年一月一日施行）のなかに、やや形を変えて盛り込まれていった。

（7）軍事研究と非軍事研究の境目

戦争を目的とする科学研究をしないという声明の是非をめぐって日本学術会議の総会でなされた議論には、もう一つ重要な論点が含まれていた。それは、「戦争を目的とする科学の研究」の意味するところが曖昧だという点である。言いかえれば、軍事研究とそうでない研究とは、どのように線引きされるのか、という論点である。[10]

たとえば尾高朝雄は、具体例を挙げつつ弁じた。哲学者のヘーゲルは、国際間の紛争は結局のところ戦争によって解決されるほかないという趣旨のことを述べた。そのヘーゲル哲学を高く評価するような哲学研究は、戦争のための科学になるのか。また、電気通信機の改良にむけて研究することは、戦争のための科学になるのか、と。

務台理作（むたいりさく）（東京文理科大学教授・哲学）が、声明を支持する立場から回答した。要点は次の通りである。ある科学が戦争のためのものか平和のためのものか、その線引きは確かに不明瞭である。しかし戦争のための科学であると非常に明瞭に言い切ることができるものもある。そういう研究、科学兵器を作ることに関わる研究を科学者がボイコットすれば、平和の実現に近づくだろう。

同じころ、物理学者の武谷三男も雑誌上で、同趣旨のことを述べている。[11] 間接的にのみ戦争に役立つ、あるいは戦争目的に転換されるなど、軍事研究か否か判断の難しい研究がたしかにある。しかし「明瞭に軍事目的をもつ研究に従事しないということは、それが真面目に行われる場合、十分戦争防止の一つとなることができるであろう」し、「研究に従事している科学者には、その研究が直接軍事目的をもつか否かは明かである」。だから、線引きの困難さがあるからといって、「明瞭に軍事目的をもつ研究には従事しない」という趣旨の声明を葬り去る理由にはならない、というのである。

他方、次のような意見があったことも記憶にとどめておきたい。

私は日本学術会議が世界の平和問題に貢献してくれることを望んでいる。しかしその貢献の仕方が署名合戦や声明合戦の形態において始まり、且つ終わつてよいとは思つていない。学問の形態のものを国民に提供してくれる方法がもつと工夫されてもよいであろう。戦争を目的とする科学と戦争を目的としない科学の区別のむずかしさが会議ではちよつと問題になつたが、始めから動かない区別がわれわれ国民に重大な問題なのではない。戦争を目的としない大多数の科学が、何らかの要因の導入によつて、忽然と、あるいは徐々に、戦争を目的とする科学に変質する機微に重大性がある。その機微の構造が明らかにされて、或る要因に対処し得る条件が学問の世界の中にあるか、政治の世界の中にあるか、緻密なシンポジアムによつて語られることが、われわれには一片の声明よりも望ましい[12]。

声明を出すことを第一義的な目標とすることに違和感を感じての発言といえよう。

2　中谷宇吉郎が巻き起こした論争

（1）論争の発端

「中谷教授の申出問題化す／米空軍からの資金で研究／北大低温研究所断わる」。こんな見出しの記事が、一九五四年五月二二日、朝日新聞の社会面に大きく掲載された。これをきっかけに、日本学術会議会長の茅誠司や、のちにノーベル物理学賞を受賞する朝永振一郎（ともながしんいちろう）など、当時の錚々たる科学者も巻き込んで、軍からの資金で研究することの是非をめぐる大々的な論争が巻き起こった(13)。

ことの発端は、当時アメリカの雪氷永久凍土研究所に滞在して研究していた中谷宇吉郎（北海道大学教授・物理学）が、アメリカの空軍から依頼され費用も出してもらえる研究を、帰国後に北海道大学にある低温科学研究所（略称、低温研）の低温実験室を使って研究したいのだが、認めてもらえるだろうかと、低温研の所長ならびに学長に手紙で問い合わせたことだった。低温科学研究所では、所員会議を開催して中谷のこの問い合わせについて議論し、認めないとの結論を出した。

中谷宇吉郎は、戦前の一九三六年に世界で初めて雪の結晶を人工的に作ることに成功し、さらに結晶の形と、結晶ができるときの気象条件（温度と過飽和度）との関係も明らかにしていた。今回はそれをさらに発展させ、結晶の形が大気中のエアロゾルの個数にも左右されるのではないかと考え、実験で確かめようとしたのである。エアロゾルとは大気中の固体の微粒子の総称で、これが核となって雪の結晶のおおもとである氷晶ができる。

低温研の研究者たちは、中谷のやろうとしているこの研究が、気象観測にとって理論面でも実際面でも重要な意義をもつことは認めた。しかし「文部省の研究機関が外国軍部の研究を請け負うことは、とりわけ日本の〝軍事体制〟が強化され始めている情勢下でこうした〝ひもつき〟の研究を始めることは、科学者の軍事動員のきっかけになる」という意見が多く出て、全面的にノーという結論に行き着いたのだった。

朝日新聞の報道をきっかけに、新聞や雑誌などを舞台にして様々な意見の応酬が繰り返された。このときのやりとりには、軍事研究をめぐってその後もたびたび登場する重要な論点が数多く含まれている。

（２）基礎研究なら軍事研究でないのか

中谷を強く批判するものは、中谷のやろうとしていることは「形式、内容ともにそなわった「軍事研究」にほかならないと断じた。軍から資金を得るという点で、形のうえで軍事研究であるし、内容面でも軍事研究だという。中谷の研究はアメリカがここ数年来、軍を主体にして莫大な費用を投じて行なってきた人工降雨の研究（巻雲プロジェクト）につながるものであり、その人工降雨は「大統領が深い関心を払うほどの重大な軍事問題になっている」というのである。

これに対し中谷は、軍事研究かどうかを研究資金の出処や当初の研究目的など「形で決めないで、内容で検討するべき」だと反論する。軍が資金を提供するのは「人殺しの方法の研究」に限らないし、また戦争目的で行なわれた研究が人々の役に立つことだってある、たとえばペニシリンの開発研究は、兵士の損失を抑えて戦争の継続を図るために推進されたが、一般庶民の病気の治療にも大いに役立ったではないかと言う。

人工降雨の研究にしても、得られた研究成果は軍事目的でしか使えない、というわけでない。現に日本でも、電力会社が水力発電を安定的に行なえるよう人工降雨を利用しようとしている。基礎研究である限り、それは軍事利用にもつながるかもしれないが、非軍事の用途にも役立つ。これが中谷の意見だった。

日本学術会議会長の茅誠司も、「個人として」と断わりながらも中谷を擁護した。アメリカ空軍から研究資金の提供を受けたとしても、研究結果を自由に発表することができるのであれば、つまり研究結果が秘密にされ戦争に使われるというのでなければ、問題ないのではないか、アメリカに留学する日本の学者の研究費が海軍から出ているといった例も多数ある、と言う。

アメリカの軍は、軍事目的からずっとかけ離れた基礎研究にまで資金を提供している、だから「軍を利用して真理の探求をやれぬことはない」という、匿名のコラム記事も新聞に出た。軍が資金を出す以上、ひも付きではある。「だがアメリカ軍部のヒモは日本軍部のヒモと違って途方もなく長い。われわれが金がないために歩きまわれぬところまで、このヒモをつけて歩いてゆけるのである」とコラムニストは続ける。

基礎研究については軍事研究だとの批判は当たらない、という考えは多くの科学者に共通するものであった。物理学者の朝永振一郎も言う。いまアメリカに留学している日本の学者は、多くの場合、軍や原子力委員会から費用の支援を得ている。「ただし軍からの出費とはいえ、純粋の基礎研究もあって、必ずしも軍事研究とはいえない」。問題はむしろ、基礎研究に対し日本の政府が十分な資金援助をしないことにある、というのが朝永の意見だった。

とはいえ、お金の出処に警戒を緩めない人もいた。かつて中谷に物理学を学び、いまは北海道大学理学部で中谷の同僚となっていた宮原将平（みやはらしょうへい）は、ふんだんにかつ自由に使える研究費だからといって安心してはならないと言う。科学者はそうした研究費を受けとることで、いわば目に見えないヒモにつながれ、「いつの間にか研究の公開の自由は奪われ」「しらずしらずに本物の軍事研究への協力を強いられ」ることになりかねないと言う。当時、政治家や財界のなかに、科学技術に関する総合的行政機関として科学技術庁を設置し、そこを舞台に政府や財界が主導する形で、原子力の開発利用など科学技術政策を進めていこうとする動きがあった。そうしたことを背景にしての発言である。

（3）科学者たちの共通了解

中谷を擁護するか批判するか、重要な分かれ目は「お金の出処」をどう考えるかにあった。

一方には、軍はお金を出す以上、当然、何らかの見返りを期待しているはずだと考える人たちがいた。その「見返り」を、軍にとってすぐに役立つ成果と考えるか、もっと長期的・間接的なものも含めて考えるかでニュアンスの違いはあるが、軍事研究か否かの線引きを、お金の出処に注目して行なおうとする点では共通していた。「中谷教授は不運だった」、研究費の出処がアメリカ空軍ではなくフォードやロックフェラーなどの財団だったら問題にならなかっただろうに、という意見が出たのも、こうした共通理解があったればこそである。

その一方、軍がお金を出すとしても軍は必ずしも見返りを期待していない、軍は基礎研究にも資金を提供しているのだから、と考える人たちもいた。この人たちは、お金の出処には必ずしも拘泥せず、むしろ研究成果を自由に発表できるかどうかに注目した。

この人たちにとって基礎研究とは、自然の仕組みや働きを根本的に理解しようとする純粋な営みであり、(軍に)役立つか役立たないかを超越したものである。だからこそ、基礎研究であれば研究成果の発表の自由が保証されているはずである。他方、軍に役立たせようとする軍事研究であれば、敵に研究成果を奪い取られないよう秘匿するため、発表に制限がかかるはずだ、というわけである。

中谷は結局、北海道大学での実験は諦め、運輸省の運輸技術研究所(東京都三鷹市)の低温実験設備を使って実験を行なった。当初の計画通りアメリカ空軍からの委託研究として行なったのであるが、研究の意図を解説する論文「雪の結晶とエアロゾル」(英文)を北海道大学の『理学部紀要』に発表し、ケンブリッジ空軍研究所にはその論文の別刷りに空軍研究所報告の表紙をつけたものを送った。わざわざ北海道大学の『理学部紀要』に発表したのは、空軍からの委託研究であっても発表に制限を受けないことを世に示すためだったとも言われている。[14]

注目しておきたいのは、中谷が北海道大学での実験を諦め、運輸技術研究所で実験するとなるや、中谷への批判が収まってしまったことである。中谷を批判していた人々は基本的に大学の研究者たちであり、軍事研究そのものに反対していたというより、軍事研究を大学で行なうことに反対していたにすぎないのでは、と思わざるを得ない。低温研の所長も、中谷の研究は「テーマとしては問題はないが、米軍から金をもらってここの施設を使うのは困る[15]」と語っていた（傍点、引用者）。

この一事が象徴するように、軍事研究をめぐる当時の議論は、大学における研究が俎上にのぼるばかりで、国の研究機関や民間企業など大学外で行なわれる研究には目が向いていない。保安隊が陸海空自衛隊へと変貌するのはこの年の七月であり、日本の軍事産業もいまだ十分に回復していなかった、という事情に拠る面もあるだろう。

3　科学者京都会議

（1）ストックホルム・アピール

広島と長崎に原爆を投下したアメリカは、それによる被害の調査を独占する一方で、他国の核兵器開発を抑え込むことを意図して、原子力を国際管理のもとに置くことを国連に提案した。しかしその思惑ははずれ、一九四九年にソ連が原爆実験に成功し、一九五二年にはイギリスも核兵器を所有するようになった。アメリカは水爆の開発にも一九五二年に成功するが、翌年にはソ連も成功したと発表する。核兵器の開発競争がこうして始まった。

他方では、核兵器への反対運動も世界的な広がりを見せ始めた。[16] 一九四八年ポーランドで平和擁護のための国際知識人会議が開かれ、科学者フレデリック・ジョリオ＝キュリーや、画家ピカソ、哲学者サルトル、作家アンドレ・マルローらが参加して、国際連絡組織を設けることを決めた。そして翌年、パリで世界平和擁護大会が開かれ、五八カ国から一八〇〇人の代表が参加した。しかし共産圏の代表者は、参加を希望したのに入国が認められなかった。そこで翌一九五〇年にストックホルムで世界平和擁護大会常任委員会第三回大会を開催し、「核兵器の無条件禁止」「国際管理機関の設置」「最初に使用した政府を戦争犯罪人とみなす」という内容のアピールを発表した。いわゆる「ストックホルム・アピール」である。

その後、このアピールへの賛同署名を集める運動が世界各地で進められ、世界全体で五億人、日本では六四五万人の署名が集まった。一九五〇年当時の世界の総人口が二六億人弱であったから、反響の大きさがわかる。実際、アメリカは一時期、朝鮮戦争で核兵器の使用を検討するが、こうした運動の高まりもあって使用に踏み切ることはなかった。

(2) ラッセル＝アインシュタイン宣言

しかし一九五四年、世界の人々は再び大きな衝撃を受ける。第五福竜丸が「死の灰」を浴びるという事件が起き、核兵器は戦争で使用されるときだけでなく、核爆発の実験をするだけで人類に大きな危険をもたらすことがわかったからである。

そこでイギリスの哲学者バートランド・ラッセルは科学者アインシュタインと相談して、核兵器は人類を絶望的な破滅へと導く危険があることを声明で訴えようと考えた。それも二人だけの声明でなく、お互いに考えの違う、世界の様々な地域に住む、何人かの著名な科学者も賛同した声明にしようと考えた[17]。一九五五年の春から、声明への賛同を求める手紙を送りはじめる。そして一九五五年七月九日、ラッセルが、著名な科学者一一名の賛同を得た声明をロンドンで発表した（アインシュタインは五月に病没していた）。

声明は、科学者による会議を召集し、大量破壊兵器の開発がどれほどの危機をもたらすのか予測するとともに、世界の各政府に対し世界戦争によっては彼らの目的が達成されないことを自覚させ、どんな紛争についても解決のための平和的な手段をみいだすよう勧告しようではないか、と訴えていた。アインシュタインも亡くなる前に署名しており、この声明はのちに「ラッセル＝アインシュタイン宣言」と呼ばれるようになる。前章に登場したあの物理学者ロートブラットも、多くのノーベル賞受賞者に混じって署名している。

なお、ラッセル＝アインシュタイン宣言とほぼ時を同じくして、武力による問題解決と核兵器の使用を放棄するよう訴える、もう一つの宣言が発表された。ドイツの物理学者で核分裂を発見したオットー・ハーンと、ドイツに生まれながらナチスの迫害を逃れてイギリスで活躍するようになったマックス・ボルンが中心になって起草した「マイナウ宣言」である[18]。

ドイツ・オーストリア・スイスの国境に位置するボーデン湖、そのほとりにある町リンダウで、毎年の夏、ノーベル賞受賞者の講演会が開催されていた。ハーンらは一九五五年、その年の講演会に参加したノーベル賞受賞者らに宣言への賛同を求めた。そして、会合に参加していなかった日本の湯川秀樹らも含め、一八名のノーベル賞受賞者の賛同を得て、七月一五日、ボーデン湖に浮かぶマイナウ島で発表した。

これら一連の活動をみれば、科学者たちの間にいかに核兵器への危惧の念が高まっていたか、うかがい知ることができよう。

(3) パグウォッシュ会議

「ラッセル＝アインシュタイン宣言」が開催を呼びかけていた「科学者による会議」は、宣言から二年後の一九五七年七月に実現した。カナダ東部の大西洋に面するノバスコシア州に、パグウォッシュという小さな漁村がある。そこを生地とする実業家サイラス・イートンが、会議の開催に向け支援を申し出てくれ、会議のための家も提供してくれた。

会議は、アメリカから七名、ソ連と日本からそれぞれ三名、イギリスとカナダから各二名など、計二二名の科学者が参加して開催された。日本からの参加者は、湯川秀樹(ゆかわひでき)、朝永振一郎、小川岩雄(おがわいわお)(三名とも物理学者)である。このうち湯川は、一九五四年に日本人として初めてノーベル賞を受賞しており、ラッセル＝アインシュタイン宣言にもマイナウ宣言にも署名していた。会議では、原子エネルギーの利用（平和利用と戦争利用）によって起きる身体への障害、核兵器の管理、科学者の社会的責任などについて率直な意見交換を行ない、声明をまとめて発表した。

この会議はその後、一九五八年の三月末から四月にかけ「現在の状況の危険性と、それを軽減する方法」をテーマに第二回目、一九五八年九月に「原子時代の危険性、そして科学者はそれに対し何をなしうるか」をテーマに第三回目、といった具合に継続的に開催されるようになった。第二回目以降、パグウォッシュ以外で開催されることが多くなるが、「パグウォッシュ会議」の名で呼ばれ続ける。一九九五年と二〇〇五年には日本の広島で、二〇一五年には長崎で、それぞれパグウォッシュ年次大会が開かれている。また、パグウォッシュ会議（とロートブラット）は一九九五年にノーベル平和賞を受賞した。

パグウォッシュ会議には、固定的なメンバーがいるわけではない。会議に参加する科学者は、会議ごとに変わる。ただしどの参加者も、特定の団体あるいは国の代表ではなく、あくまでも自分の良心だけを代表するのだとされた。

（4）科学者京都会議

パグウォッシュ会議に参加した経験を持つ科学者たちは、日本国内でも同じような性格の会合を開催してはどうかと考えるようになった[19]。そして、安保改定をめぐる国会での議論が最高潮に達していた一九六〇年、日本学術会議の和達清夫（わだちきよお）会長へ要望書を送り、学術会議がイニシアティブをとってこの種の会合を開催してくれないかと申し入れる。しかしこれは実現しなかった。そこに、第一〇回パグウォッシュ会議を開催するとの連絡が届いた。「科学者と世界情勢」をテーマに、一九六二年の九月、ロンドンで大規模に開催する予定だという。となれば、そのときまでに国内で議論を深めておく必要がある、そのために日本版パグウォッシュ会議をまずは私的な形で開催しよう、ということになった。湯川秀樹、朝永振一郎、それに坂田昌一が呼びかけ人となって開催をめざした。

一九六二年五月、京都天竜寺の塔頭（たっちゅう）の一つ慈済院に、一〇名ほどの学者が集まった。この第一回目の開催場所が京都だったことから、その後この会合は開催地にかかわらず「科学者京都会議」と呼ばれるようになる。三日間の会議の最終日に六項目からなる声明が発表された。都合で会合に出席できなかった九名も後日署名に加わり、二一名が署名した。かつて一九五一年に日本学術会議の声明に反対した我妻栄や三村剛昂も、ここには名を連ねている。

科学者京都会議の声明はまず、科学者としてなぜこうした会合を開催し、声明という形で社会に働きかけるのかについて述べる。科学は真理の発見を通して人類に貢献してきた、しかし科学に基づいて技術的に実現できることのすべてが、人類にとって望ましいものとはいえない。だから「科学の発見した真理を、人類の福祉と平和にのみ役立てるためには、科学者をふくむすべての人が、科学の成果の誤用、悪用を防ぐことに不断の努力をつづけなければならない」。

そのうえで、核兵器の危険性へと論を進めていく。核兵器による威嚇が平和の維持に役立っているという「核抑止論」がある。しかしこれは誤っている。核兵器を持って相対峙する国々は、より大きな報復力を持とうとし、かえって不安定な軍事情勢が生まれ、戦争勃発の危険が増大する。そしていったん戦争が起きれば、とんでもない被害を人類におよぼす。核兵器の実験も、多量の放射性物質をまき散らし、人類に遺伝的あるいは身体的障害をもたらす。こうした問題の解決は、核兵器を含む軍備の縮小、さらには軍備の完全撤廃によってしか実現できない。宣言はこう力説した。

しかし現実の世界では、ますます核戦争の危機が高まっていた。一九六二年一〇月、アメリカはソ連の中距離弾道ミサイルがキューバに配備されつつあることに気づく。ごく短時間で核攻撃されかねないとの危険を感じたアメリカは、キューバの周辺海域の封鎖を宣言し、ミサイルの撤去を求めた。いわゆるキューバ危機である。冷戦期で最も核戦争に近づいた事件だと言われる。

日本では、原子力潜水艦の寄港という問題が持ち上がった。一九六三年一月にアメリカから、原子力潜水艦の日本への寄港を認めるよう申し入れがあったのである。これに対しては、核兵器の持ち込みにつながる、放射能による汚染の恐れがあるなどとして、反対の運動が高まりをみせた。

科学者京都会議はその後、一九六三年五月に広島県竹原市で第二回目、一九六六年六月から七月にかけ東京で第三回目と継続的に開始されていくのだが、こうした世界情勢もあって、議論は「核」の問題を軸にして展開された。

（5）人文社会科学者も参加

科学者京都会議は、その誕生の経緯から明らかなように、パグウォッシュ会議の日本版であった。

しかしこの「日本版」には、パグウォッシュ会議と大きく異なる点もある。それも、たまたま生じた違いでなく、意図的に創られた違いである。

本家のパグウォッシュ会議では、参加者のほとんどが自然科学者、それも原子科学者が中心であり、人文社会科学者はほとんどいなかった。パグウォッシュ会議の日本版を始めようと思った坂田昌一らは、この点がパグウォッシュ会議の弱点だと考えた。紛争を核戦争によって解決するのは核兵器の性質上、不可能であること、すなわち「戦争の論理」が破綻していることを指摘するには、たしかに自然科学者が主役を演じる。しかし、核兵器のない世界をどう構築していくかという「平和の論理」を見出すには、人文社会科学者に主役を演じてもらわねばならない。ところがパグウォッシュ会議のようなメンバー構成では、これができない[20]。

そこで坂田らは、人文社会科学者にも京都会議への参加を積極的に働きかけた。その結果、大佛次郎（おさらぎじろう）（作家）や桑原武夫（くわばらたけお）（京都大学教授・仏文学）、田中慎次郎（たなかしんじろう）（ジャーナリスト）、都留重人（一橋大学教授・経済学）らが議論に参加した。第一回会議の声明では、署名した二一名のうち約半数が人文社会科学者である。

都留重人が会議の三日目に「軍縮と経済」と題した報告を行なった。アメリカでは「軍縮で損をするような私的資本の経済力が大きくなりすぎていて、全面軍縮実現への大きな抵抗壁となっている」と述べて、軍産複合体が核軍縮への障害になっていることを指摘した[21]。前年の一月にアイゼンハワー大統領が退任演説の中で「軍産複合体」について述べたばかりであった。

では、この「抵抗壁」をどう突破していくのか。報告後の討論ではこの点が盛んに議論された。都留はその折に、次のように述べている。軍備の増強に、経済の繁栄をもたらすという面があることは否定できない、だからこそ逆に「都市改造とか、自然改造とか、労働時間の短縮とか積極的な価値を強く打ち出すことによって、軍縮をやらなければ」いけないのではないか。

最終日に発表された声明文では、こうした議論が次のように表現されている。「軍縮の実現にともなう各国経済、世界経済の構造的転換の方途をはじめとして、なお多くの解明されなければならない問題が残されています。とくに、軍縮と日本の経済との関係について、長期的観点に立って十分に検討されることが必要であると考えます」。

科学者京都会議には、科学と戦争の問題を考える場に人文社会科学者の参加を求め、その問題を社会のあり方と結びつけて考えていこうという姿勢があった。この点に注目しておきたい。

4　東京大学で軍事研究か

（1）防衛庁長官「東大に造兵学科を」

一九五九年五月二九日、伊能繁次郎（いのうしげじろう）防衛庁長官が閣議後の記者会見でこんな趣旨の発言をしたと、同日の新聞夕刊が報じた。

学界が防衛庁に対し非協力的傾向はあるが最近は糸川［英夫］博士のようにロケットに関して協力してくれるようになった。これは非常に望ましいことだ。戦前は東大に造兵［学］科や航空工学科などがあって軍事科学技術の向上に大いに貢献したが、こういうものの復活は望ましいことで近く文部当局ともこれについて話合いたいと思っている。(22)

これは、戦前の東京帝国大学にあった造兵学科を復活させようとするものではないかと、大学内に大きな反発が起きた。大学の教官たちよりも学生たち、それも工学部の学生たちが強く反応した。六月四日、東大の学生三名が防衛庁長官と会見する。その席で長官が、こう言ったという（要旨）。

ちょっとした発言にとやかく言うのは、言論の自由に対する抑圧だ。兵器というものは科学技術の発展の結果としてできるもの。平和技術とか戦争技術とか分けることはおかしい。科学技術の発展のために兵器の研究もやったらどうかと言っただけだ。(23)

学生たちの怒りは、もちろん収まらなかった。六月二五日、東大の銀杏並木で学生二〇〇〇人ほどが「全東大集会」を開催し、造兵学科設置反対、軍事研究反対、安保改定阻止を決議する。ちょうどこの時期、一九六〇年の安保改定に向けた運動が始まりつつあったのである。東大での集会が終わったあと、学生たちは都内をデモ行進し、夕方には日比谷公園で開催される「安保改定阻止全国統一行動中央大会」に合流した。

これに対し大学側は、七月三〇日、自治会中央委員会議長の学生（工学部三年生）を、大学の認めない不法屋外集会の主催に指導的役割をはたしたとして停学処分にした。また八学部の自治会委員長ら一一人に戒告の処分を下した。

学生たちはこの処分に反発し、茅誠司総長に会見を要求する。総長は八月五日、各学部の代表学生一〇名との会見に応じた。その席で学生側が、軍事研究を行なわないことと、防衛庁とは手を切ることとの二つを要求する。しかし総長は、

一、軍事研究拒否は矢内原忠雄総長（在任期間、一九五一～五七年）以来一貫していることで、あらためて声明を出す必要がない。それほどの危機感を感じていない

二、防衛庁は大学と同じく議会で認められた官庁であり、特定の一官庁だけと手を切るわけにはいかない

と述べて、学生たちの要求を拒否した[24]。

（2）東大総長の見解

学生たちはその後も、大学内で行なわれていたいくつかの研究を具体的に挙げつつ、これらは軍事研究ではないかと、公開質問状などで追求した。それに対し大学は、指摘された事例について実態調査をしてみたが、いずれも軍事研究というべきものでなかったと文書で回答した。

大学はさらに、茅誠司がまとめた「総長の見解」を東京大学新聞に発表した(25)。この「総長の見解」に対しては、一部の学生や教官が疑問を挟みはしたものの、大学内からも、また外の学術界からも特段の異論が出されることはなかった。概ね肯定的に受け止められたものと思われる。総長の茅が日本学術会議の会長でもあったことを考えれば、この「見解」は、軍事研究に対する、ひとり東大総長の見解というだけでなく、学術界において一般に抱かれている見解と、そう大きくずれるものではなかったのだろう。そうした点も念頭に置いて、この「総長の見解」をいくぶん詳しく見ておこう。

茅はまず、学生たちが言うように、たとえば医学部の白木博次助教授が防衛庁技術研究所（一九五八年から技術研究本部）の松田源彦から研究費を受けとったことは事実だと認める。しかしそれは、潜水艦内の諸条件が人体におよぼす影響に関するもので、研究の「結果が直接に戦争目的に使われるものではないので、これを直ちに軍事研究であると非難するのは当らない」という。

こうした例を挙げつつ茅は、何が軍事研究であるかその判断が一筋縄ではいかないことを強調する。

> 直接に戦争を目標として兵器の研究を行う場合は誰もこれを軍事研究と呼ぶに異議はない。しかし、目標は平和目的であつてもこれを他人が転用すれば容易に兵器となる場合が少くない。例えば電子工学的な自動制御の研究は近代科学の粋として到るところに平和目的に使われるがこれを転用すればミサイルの誘導に利用されることは衆知の通りである。兵器に使用されることを恐れて研究を中止するとすれば、恐らく科学の進歩は完全に停止するであろう。しかし、反面これを

転用されて殺りく兵器を作る危険がある場合は、これを極力防止する必要がある。また、その時の世界情勢により戦争の起る可能性が大きいと判断された場合には、よしんば平和利用の見地から価値の高い研究でもこれを中止しなければならないことも起つてくる。

では、現実にどのように判断するのか。茅は、大学の研究者がもつ「研究の自由」とも関連づけて、次のようにいう。

……総合的判断に立つて研究を行うか否かが決定されるべきであり、このような判断は、個々の研究者が良識に基いて自主的になすべきものなのである。……如何なる研究題目を選ぶかは大学の研究者の全く自主的に定めるべきもので、外部からこれに統制を加えてはならない。……研究者が、その自主的判断によつて、その研究を平和研究として、良心と熱意をもつてこれに当つているとき、外部から、不確実なる資料に基いてこれを軍事研究なりと判断し、これに統制を加えようとすることは深く慎しまなくてはならぬ。

以上の茅の主張を箇条書きにまとめれば、次のようになるであろう。

一、殺戮兵器の製造に直接つながるような研究は軍事研究である
二、ある研究がその意味での軍事研究であるか否かは世界情勢も含めて総合的に判断されるべきであ

る

三、その判断は個々の研究者が良識に基づいて自主的に行なうべきである
四、そうした判断に基づいて行なわれている研究に、外部からストップをかけてはならない

第一点については、当時すぐに、軍事研究のとらえ方が狭すぎるのではないかと疑問が出された。九月三〇日発行の東京大学新聞は、この「総長の見解」に対する三人（学生二人、教員一人）の意見を載せている。そのうちの一人、文学部西洋史学科三年生（学友会委員長）が、こうした定義では「ICBMでも作らぬ限り、ミサイル材料、潜水艦くらいなら軍研ではないという公式基準を設けたと同じ結果」になってしまう、と批判している。

(3) 研究者個人の判断に委ねてよいか

第三点については、研究者の良識を無条件で信じてよいのかと、理学部助教授の野上耀三（のがみようぞう）が疑問を呈した。

研究者がその研究成果に責任を持つためにはそれが如何に利用されるかをいつも監視して、最終的な保証としては戦争をなくするための積極的な活動をする義務を負うことが必要である。それだけの行動の裏ずけ（ママ）を持つている研究者の良識に対しては信頼してくれと云うことが出来るが信頼をかち得るだけの行為を見せたことのない研究者が口で自分の良識を信頼せよと云つても

無駄であろう。[26]

次のような疑問もありえたかもしれない（当時このような疑問が提起された様子はないのだが）。

第二点で、ある研究が軍事研究か否か、先に進めてもよい研究か否かを判断するにあたっては、世界情勢（社会状況）を考慮して判断すべきだとしている。軍事研究と平和研究との境界線は固定的なものではなく、社会状況との兼ね合いで決まる、その意味で総合的な判断が必要だというのだ。では誰が、何に基づいて、そうした総合的判断を行なうのか。

茅は、第三点にあるように、個々の研究者が、良識に基づいて、自主的に行なうのだという。しかし、ここに述べられているような総合的な判断は、はたして個々の自然科学者が担えるようなものだろうか。国際的な政治や経済、社会状況、倫理などを含めた判断なのだから、人文科学者や社会科学者も含めた集団の判断が求められるのではなかろうか。しかもその判断を、良識という漠たるものに基づかせてよいのだろうか。

また第四点で、「外部から」の批判を封じているが、ひとたび為された判断を（仮に集団的な判断だとしても）、判断に関わった人たち以外からの批判に対し開いておく必要はないのだろうか。

（４）矢内原忠雄元総長の考え

茅誠司総長は、八月五日に学生代表一〇名と会見したおり、東大が軍事研究を拒否することは矢内原忠雄総長のとき以来一貫している、と述べていた。

矢内原忠雄は、戦時中の一九三七年に反戦的な思想を理由に経済学部教授を辞めさせられるという思想弾圧（矢内原忠雄事件）を経験していたが、戦後に復職し、一九五一年から二期六年間、東大総長を務める。一九五二年にはいわゆる「東大ポポロ事件[27]」で、「大学の自治」「学問の自由」を守る立場をとったことでも知られていた。

その矢内原が、東大に造兵学科を作ってはどうかという伊能防衛庁長官の発言が報道されてまもなく、「大学と軍事科学」と題した一文を新聞に寄せた[28]。その核心的な部分は、次の通りである。

> 真理探究ということは、……人類の幸福・平和の増進ということを含んでいる。真理の探究は必然的に戦争を否定する。国防のためとか国家的利益のためとか、その他どのような理由をつけようとも、戦争を肯定し、戦争を弁護する議論は、すべて「真理」の探求よりは低い次元における主張である。……大学は真理に忠実であるということにおいて国民と人類に奉仕するのであって、国家的要請と呼ばれる政治的要求に従って真理探究の府である立場をすてるならば、それは大学が現業機関化するのであって、大学本来の存在理由を失うことになるであろう。

「真理の探究は必然的に戦争を否定する」と矢内原は言う。「真理」の定義にもよるだろうが、現実はそうなっているだろうか。また、大学は真理探究の場であり「その軍事的応用は軍の研究機関ですればよい」という主張は、大学が軍事に手を染めることに反対するものではあっても、科学研究と軍事との関わりそれ自体に反対するものではない。中谷宇吉郎が巻き起こした議論の箇所で見た、大学を聖域化すればよしといった発想が、ここにも見られるのではなかろうか。

第3章　ベトナム戦争の時代——「平和の目的に限り」の定着

1　米軍資金をめぐる問題

(1) 米軍からの研究資金

ことの起こりは一つの新聞記事だった。一九六七年五月五日、朝日新聞の一面に掲載された「東大医など五七件／研究援助／現在は計四〇万ドル」などと見出しのついた記事である。五七件の研究に対しアメリカ陸軍から研究費が支払われており、しかもこうした援助は八年も前から始まっていたと報じていた。

開会中の国会では、翌六日の予算委員会で野党議員がさっそくこの問題を取り上げ、米陸軍からの資金援助の実態について詳細な調査結果を委員会に報告するよう文部省に求めた。そして一九日の予算委員会に資料が提出され、詳細が明らかになった[1]。

それによると、一九五九年以降、北は北海道大学から南は熊本大学まで国公立大学一九、東邦大学や慶応大学など私立大学六、航空宇宙技術研究所や微生物化学研究所など国公立および民間の研究機関九、その他（病院や学会）三、あわせて三七の機関が、総計九〇のテーマで、アメリカ陸軍極東研究開発局から資金援助（研究費や、旅費、国際会議開催費）を受けていた。

金額の大きい順に、「嗅覚の受容機序に関する神経生理学的研究」（群馬大学医学部、一九六六年から約一三〇〇万円）、「分子レベルにおけるウイルスと宿主の相互関係」（京都大学ウイルス研究所、一九六二年から約一二三〇万円）、「ぶどう状球菌の薬品耐性に関する遺伝学的研究」（微生物化学研究所、一九六四年から約一〇五〇万円）とつづく。

予算委員会での劔木亨弘（けんのきとしひろ）文部大臣の説明によると、いずれも米軍側が公募したり勧誘したりしたのではなく、資金援助の制度があることを知った学者たちが、自分がこれまでやっていた研究をさらに発展させようと、自らの意思で、学部長や学長の了承も得て申請したのだという。研究成果は公表することができ、米軍には経理と研究成果を報告することになっていた。

五月一九日の参議院予算委員会では、政府から提出された資料をもとに野党側が政府を追及した。たとえば京都大学のウイルス研究所が「プシスタコーシス・トラコーマウイルスの増殖機構」「大腸菌における接合時に移行する遺伝物質」「分子レベルにおけるウイルスと宿主の相互関係」という三つのテーマで、総額四万ドル余りの資金援助を得ていることを取り上げ、「素人考えで考えても、最近はやりの生物化学兵器、こういうものにむすびついていくんじゃないか」と質した。

これに対し文部大臣は、その研究者が「そういう軍事目的に協力するとか、そういう意思でやってないことだけは私ははっきりと言えると思います」と答える。そう思う根拠は、助成金をもらう前からずっと自分の研究テーマとしていたのであり、申請すれば研究費をもらえるというので申請したにすぎないから、というのだった。

また、東京大学の医学部が「京浜地区の大気汚染に基づく呼吸器疾患」というテーマで資金援助を受け、慶応大学の医学部が「日本の一般市民に対する大気汚染の影響」というテーマで資金援助を受け、それらの合計額が三万八〇〇〇ドルほどに達する。これについて野党議員は、なぜ米軍が日本の大気汚染に関する研究に資金援助をしているのかと質した。

これに対する政府委員（厚生省環境衛生局長）の回答は、「だいぶ前から京浜地区に駐留するアメリカ人に、横浜喘息ともいわれる疾患が多発した。その原因が何なのかという問題をおそらく契機として、研究の委託が行なわれたと思われる」というものだった。

（２）米軍資金の背景

それから一ヶ月ほど後の六月一四日、朝日新聞が「〝米軍資金〟の背景に潜むもの」という記事を大きく掲載した。アメリカ軍が生物化学兵器の研究開発を精力的に進めていることを紹介し、先に報道した日本の研究機関に対する米軍による資金援助とそうした研究との関わりを考える、という内容であった。

生物化学兵器は「ワクチンや抗生物質の製造工場を利用して、核兵器とは比べようもなく秘密に、安く製造することができ、実戦に使用しても証拠がつかまえにくく、従って報復攻撃も受けにくい利点」をもつ。そうした生物化学兵器の研究開発が、いまや新しい段階に入っている、と新聞記事は言う。

かつて日本の陸軍第七三一部隊が旧満洲のハルビン郊外で開発した生物兵器は、ペスト、コレラなど「天然自然にある病気を、自然の感染経路によってなるべく悲惨な形で再現させよう」とするもので、古典的な細菌学に基づくものだった。それに対し今アメリカなどで行なわれている研究は、「戦後に花開いたウイルス学、微生物遺伝学、分子生物学」などを駆使して、病原体の毒性や、生存力、保存性を高め、「予防注射や抗生物質ぐらいにはビクともしないもの」に作り替えようとするものである。また自然界には存在しない「新しい感染経路」を作り出そうともしている。米陸軍の生物戦研究の拠点フォート・デトリックでは、霧のような微小粒子「エアロゾル」に病原体を付着させて散布するという「新しい感染経路」の研究を、一九五〇年代に大学に委託して行なっていたとも新聞記事は指摘する。

翻って、今回問題になった米軍からの資金援助を見てみると、研究テーマの約三分の一が、ウイルスや細菌など微生物に関わるものである。だから、と新聞記事は言う。「これらのテーマについては当の日本人学者たちが意識するとしないとにかかわらず、こうしたアメリカの研究体制との関連で、その位置づけを考えてみる必要がありそうだ」。大気汚染をテーマとする研究に米軍が資金援助するのは、米軍がかつて行なっていたエアロゾルに関する研究と関連するからではないか、とも示唆した。

米軍資金の援助を受けて行なわれている研究のうち、微生物の分野に次いで多いのは神経生理学の分野である。これについても新聞記事は言う。「化学兵器に対して、神経生理学や生化学は、人体の反応の面から基礎固めの役割を果す。日本人科学者の研究が持つ意味は微妙だ」。資金援助するアメリカ側の思惑は、「生物、化学兵器の芽の出そうな土地を耕して肥料をやっておけば、ひょっとして、思惑通りの芽が出てくるかもしれない」ということだろう。また、「アメリカにとって経費も安くてすむ。研究者の人件費は日本持ちで、研究費だけを出せばいいのだから」とも記事は言う。

要するに、研究者本人がどういう意図で研究しているにせよ、周りの状況を含めて考えれば、結果的には、米軍にとって役立つ、兵器のための研究の一翼を担っていることになるのではないか、というわけである。茅誠司がかつて言った「総合的判断」をやって見せてくれたわけである。

（3）資金の出処で判断

五月初めに米軍資金の問題が明るみに出るや、関係者は対応を急いだ。京都大学では五月二七日に学部長、研究所長会議を開き、「米軍からの研究費の援助は、その研究成果が戦争に利用される危険があり、好ましくない」という見解をまとめた。新聞報道によると、北海道大学医学部の教授会も五月末に、米軍との契約を破棄し残りの資金を返上すると決めたほか、大阪大学、大阪市立大学などもこうした対応を急いだ(2)。

東京大学の大河内一男（おおこうちかずお）総長も、「資金の出所が外国の軍である場合、いまの国際情勢のもとでは遠慮すべきだと思う」と意見を表明した。「いまの国際情勢」とはベトナム戦争のことである。米軍がベトナムで枯葉剤（殺草剤）を大量に使用していることが問題化していた。日本学術会議が一九六六年四月の総会で、殺草剤と毒ガスを米軍と南ベトナム軍が使用していることに抗議する決議（アピール）を採択していたし、農学研究者ら一五〇〇名が、殺草剤の軍事利用に反対する文書に署名しそれをジョンソン大統領らに送るという動きもあった。

国立大学協会（協会長は大河内東大総長）も六月下旬に総会を開き、米軍からの「援助を受けることは、日本の大学としては望ましくない」という会長所見をまとめ、国大協の統一見解とした。さらに日本学術会議も、一〇月の総会で「軍事目的のための科学研究を行なわない声明」を採択した（詳しくは第3節参照）。

このように、各大学はもとより国立大学協会や日本学術会議も、今回問題になったものは軍事研究であり望ましくないとの判断で声を揃えた。軍事研究と判断する根拠は、アメリカの軍から研究資金を受けとっているという点であった。つまり研究資金の出処で判断したのである。

東大の大河内総長は言う。(3)「軍事研究はしない、軍事研究に参画しない、外国の軍隊から直接の委託を受けない」というのが、南原繁（なんばらしげる）、矢内原忠雄両総長時代以来の、東大の基本方針だった。しかし今回、東大も米軍から資金を受けとっていた。こうした問題が起きたのは、具体的な個々のケースについて対応の仕方を議論したことがなく、「資金を出した相手が軍だから研究を行なわないとすべきか、研究の中身を考慮して遠慮するのか」についても、対応を決めていなかったからである。そして、もし研究の中身を考慮して判断するとなれば、軍事研究と非軍事研究との区別がはっきりつかないという困難に直面するだろう、と総長は言う。そこで、「資金の出所が外国の軍である場合、いまの国際情勢のもとでは遠慮すべきだと思う」と言ったのである。研究の中身で判断、という厄介な領域に入り込むのを避け、いわば「大きく網をかける」あるいは「疑わしきは遠ざける」という戦略をとったのである。

京都大学の奥田東（おくだあずま）総長も、「当事者たちは、戦争につながらない研究だからもらってもいいと思ったようだが、軍事協力かどうかを研究のテーマで判定するのはむずかしい。カネの出所が問題である」と言う。(4) 研究費の出処が軍関係か否かで一律に判断するのであるから、基準が明確であるし、「軍との関係を絶つ」という姿勢を社会にはっきり示すこともできる。奥田総長は、「平和憲法のもとにある科学者の良心から、戦争非協力を内外に訴えたかった」とも述べている。

研究費の出処が軍だというだけで一律に否定するのは過剰反応ではないか、その結果、軍事と関係のない研究までも規制することになるのではないかとの批判に対しては、東京大学の大河内総長が「軍が金を出さないと研究ができないとすれば、国の、研究に対する予算措置を考えてもらうほかない」と返した。

（4）内容で判断すべきとの意見も

しかし他方では、軍からの資金だからといって一律に禁止するのはよくない、あくまでも内容に即して判断すべきではないか、という意見も根強くあった。今回問題となった米軍資金による研究が、はたして本当に軍事研究なのか、軍事利用とは関係のない基礎研究ではないのか、というのである。

米軍資金の問題が国会で取り上げられてまもない五月八日の参議院予算委員会で、佐藤栄作首相がこう述べている（要旨）。

軍から頼まれたからといって、すべて戦争への協力とは思わない。条件を一切つけないものなら、問題がないのではないか。非常な潔癖さで問題を処理するのも一つの方法であろうが、助成金の目的や条件などを十分に考慮し、間違った方向に陥らないよう、それぞれの研究者が良識的に判断すれば、問題ないのではないか。

同じ席で朝永振一郎も、日本学術会議会長として次のような趣旨のことを述べている。「外部の団体からの寄付についてはケース・バイ・ケースで考えており、必ずしも全部排除するとはしていない。とはいえ安易に考えることは問題だ」。学術会議はこの年の一〇月に「軍事目的の研究はしない」との声明を出すのだが、それを審議するときにも、「軍の資金援助を受けた研究であっても基礎研究であれば、一概に軍事研究と断ずることはできないのではないか」という意見が出された。

大学のなかにも、一定の条件が満たされるなら軍からの研究資金を受け入れてもいい、と考えるところがあった。慶応大学医学部がその一つで、満たされるべき条件として次の四つを掲げた。

一、研究が人類の福祉に貢献する
二、直接、軍事目的に利用されない
三、研究成果公表の自由が保障されている
四、学部長の許可を得ている
研究成果を自由に公表できることが、条件の一つとされていることに注目しておこう。

　じっさい慶応大学医学部は、一九六七年五月に国会で公表された資料によると、米軍から一一の研究テーマで総額約一三万八〇〇〇ドルの資金援助を受けていた。しかしその慶応大学も、一九六八年六月の理事会で「世間の疑惑を招いて望ましくない」ので今後一切辞退すると決め、方針を変えた。

(5)信念を貫く研究者も

　慶応大学のこの方針転換に異を唱える研究者もいた。医学部で米軍資金を受け入れていた研究者の一人、冨田恒男(とみたつねお)である。彼は一九六八年の秋、学生との公開討論に臨み、こう述べた。自分の研究は網膜細胞に関するもので、「研究発表の自由が確保されており、研究が兵器に役立つとは考えられない。自分のやっていることは、間違っていないと確信している。問題が起きたからといって研究をやめるようなことはない、これからも続ける」。

　冨田恒男は、網膜の働きを電気生理学的手法で解明する研究に一九五〇年代から取り組んでいた。そして「網膜における情報処理機構の研究」で一九七五年に日本学士院賞を受賞するなど、国際的にも高く評価されるようになる。冨田の研究が、生理学分野での基礎的な研究であったことは間違いない。

しかし他方で、冨田恒男の研究に資金を提供した米陸軍の研究開発部は、彼の研究が「陸軍の利益に貢献した」と述べていた。冨田の研究（「セキツイ動物の網膜におけるカラー・コーディングの研究」）は、網膜内の視細胞が色を知覚する能力を外科的および電気的な手法によって研究するものであり、色覚の基本的な機構を探ることで次の点において成果を挙げてくれたというのである。一、夜の闇への視覚の適応。二、色盲の可変性。三、視覚器具のデザインの改良。四、兵士の色覚の欠陥を治す諸方法の改良。これら四点である。

ここでおそらく問題となるのは、「軍にとって役に立つ」研究は、すべて軍事研究として否定されるべきかということであろう。たとえば兵士の色覚の欠陥を治す方法が改良されれば、それは色覚に欠陥をもつ兵士以外の人たちにも朗報となるだろうからである。かつて中谷宇吉郎が、ペニシリンの研究を例に挙げて指摘した論点である。

（6）米軍から誘いを受ける基礎研究者

国立予防衛生研究所で細菌研究の室長に就いていた和気朗（わけあきら）が、米軍資金の問題に関連して、一九六七年にこんなエピソードを紹介している。(5)

ライ麦などの穂に寄生する麦角菌の菌核から抽出した物質（麦角アルカロイド）は、筋肉や産後の子宮を収縮させるのに広く用いられている。その麦角菌の研究で世界的に高く評価されているある人物が、朝霞（埼玉県）の米軍化学戦部隊から、麦角菌を譲ってくれと何度も頼まれた。その人物は麦角菌の人工培養に成功し、麦角菌の菌株をたくさん持っていたのである。しかし彼は、軍を支援するのはいやだと、何度も断わった。最後には、昼飯でもいっしょに食べませんかと誘われたが、それも断わったという。

お産に関する研究になぜ軍が関心を示したのか。和気はあとで知ったのだが、麦角アルカロイドには人間を痴呆にする作用があり、戦闘を放棄したり戦闘中に一種の失神状態にする働きがあるのだという。米空軍大学の教科書『空中兵器体系の基礎』にも、麦角アルカロイドから製造することのできる「ＬＳＤ２５は、アメリカでこれまでに考えられた唯一の、精神に作用する心理化学兵器、無能力化剤である」といった趣旨のことが記されていたという。

だから、と和気は言う。「米軍だって平和目的の基礎研究に金を出すという、いいこともしている」などという理解は安易に過ぎる、と。

他方でこのエピソードは、軍がどのように研究者にアプローチしていたかを示す一例としても興味深い。

（7）資金の出処が米国という問題

米軍資金問題においては、軍の資金援助という点とは別に、米国の資金援助という点も問題になった。この点が大きく問題視されたのは、国会（予算委員会）の質疑においてである。
野党の質問者（鈴木強）が五月八日の予算委員会で、文部省も外務省も新聞が報道するまで今回の件について何も知らなかったと弁解するのに対し、こう質問した。外国の「軍隊が直接大学に行って、こういう研究してくれ、そのために金をこれだけ出すと、こういうふうなことをかってにしてもかまわないということですか」。こう質問することで鈴木は、日米安保条約や、それに伴う行政協定、米軍駐留に伴う協定が背後にあるのではないかと追求したのである。だが政府側は、研究者が自発的に行なったものであり、法的根拠はないと答えた。

研究者が自発的に米国側と契約して研究費を受けとるのだとすると、今度はそのときの契約条件が問題になる。科学者たちは今回、米軍とどのような条件で契約していたのかと鈴木は質した。これに対し劔木文部大臣が次のことを明らかにした。

研究成果の公表に制限はないが、公表にあたっては米陸軍の援助・協力による旨を記載することになっている。特許と著作権については、「発明の実施権は研究者が所有するが、同時に米国政府にも実施権が無料で与えられる」。研究者だけでなく「米国政府もデータおよび技術的情報を出版し、翻訳し、複製し、配布し、及び使用する権利が与えられる」。

これに対し野党議員（小柳勇）が、国立大学の研究者は国から給料をもらっているのであり、「国の頭脳である学者の研究、その成果が国の財産ではなくて、米国政府に無料で与えられる」のは、国民として許せないと批判した。軍からの資金で研究が行なわれるという点を措いたとしても、研究資金の出処が外国であるだけに、知的財産保護という点で問題があるのではないかと指摘したのである。もちろん研究内容が軍事にかかわる場合には、自国の安全保障という点でも問題になるが、このときの国会論戦ではこの点は問題視されていない。

政府は国会での論議をうけ、五月一九日の閣議で、研究者が直接、米軍に補助金を申請するという今の仕組みを改めることに決めた。そして規程の一部を改正するなどして、大学の研究者が外国から研究補助金を受け取る場合は文部大臣の承認を得る、外国からの受託研究については文部大臣と事前協議するなど、必要な手続きを新たに定めた。

2　物理学会の「決議三」

（1）物理学会にも米軍資金

日本の学術界に米軍の研究資金が流れ込んでいるというニュースは、日本物理学会にも激震をもたらした。一九六七年五月五日の朝日新聞は「物理学会に米軍資金」という見出しも掲げていたからである。

日本物理学会は、前年一九六六年の九月に第八回半導体国際会議を、同学会の主催、日本学術会議の後援により京都で開催していた。国内から三五〇人、アメリカ、ヨーロッパ、ソ連など一八カ国から二〇〇人の研究者が参加する、大規模な学術会合だった。この国際会議を開催するために同会議の実行委員会は、電子工業界などの企業から一二〇〇万円、研究者の国際的な組織「理論及び応用物理学連合」から約一八〇万円（五〇〇〇ドル）に加え、米陸軍極東研究開発局からも約二八〇万円（八〇〇〇ドル）の寄付を受け入れていた。この八〇〇〇ドル分が問題視されたのである。

この問題を初めて報じた五月五日の朝日新聞は「ヒモのつかない軍の金の平和転用だといっても、そういうことが重なって軍の御用学者になる危険性がある」という、物理学会会員の声を紹介している。他方、主催者側では、国際会議実行委員会で事務局長を務めた鳩山道夫（ソニー常務取締役）が「学術会議からも金が出ず、困っていた」ところ、茅誠司（募金委員長）から、こういう金があるがと話があり「会議の独立性を失わなければいいだろうと実行委員会で判断」した、そして「アメリカから招待した学者の旅費だけに使ったことでケジメをつけたつもりだ」などと述べている。

この問題は、開会中の国会の予算委員会でも取り上げられたが、もちろん物理学会の内部でも大問題になる。そして七月八日に、役員が集まって五時間にわたりこの問題を議論し、「米国陸軍極東研究開発局の資金を受取り、会の内外に論議と批判を呼び起したことはまことに遺憾であった」などとする委員長談話を発表した。

だが若手の会員たちの間では、総会を開いて物理学会としての態度をはっきりさせるべきだとの声が、委員長談話が出される前から高まっていた。五月末に「軍関係資金問題に関する物理学会有志の会」（世話人代表、小出昭一郎・東大教授）を結成し、臨時総会の開催を求める署名運動を開始する。そして七月八日の役員の会合までに、臨時総会の開催に必要な五〇人を大幅に上回る五四四人の署名を集めていた。その結果、委員長談話を出すだけでは収まりがつかず、九月九日に臨時総会を開催することになった。

(2) 四つの決議

臨時総会では、四つの決議が提案された。

一、日本物理学会主催、学術会議後援で一九六九年九月に開かれた第八回半導体国際会議に対し、米国陸軍極東研究開発局の資金が持ちこまれたことは遺憾である。
二、半導体国際会議実行委員会が日本物理学会にはかることなく、上記資金の導入のごとき問題を決定したことは重大な誤りである。
三、日本物理学会は今後内外を問わず、一切の軍隊からの援助、その他一切の協力関係をもたない。
四、日本物理学会委員会は、今回の米軍資金を導入した仲介者および半導体国際会議実行委員に対して適当な処分を行なう。

会員七四〇〇名のうち総会に出席したのは九二人だったが、総会の開催通知に決議案とその説明を印刷して葉書で投票を依頼しており、それを合わせると投票者総数は三四〇〇名に達した。半年前の三月一八日に開催された通常総会への出席者が九名、書面による投票が一〇七五名だったのと比べれば、この問題に対する会員の関心がいかに高かったか、よくわかる。

各決議案への投票結果は、上表の通りだった（無効を除く）。決議四を除く三つが、過半数を超える賛成を得て可決された。

総会が終わって記者会見に臨んだ日本物理学会会長（高橋秀俊（たかはしひでとし）、東京大学教授）は「茫然自失」の態で、「決議三」が今後の活動にとって大きな制約になり「物理学の発展にとってはマイナスも出よう」と述べた。他方、決議を提案した者たちはそうした見方を否定し、「軍事とのつながりを断ち切ることで、仮に物理学の進展が妨げられるにしても、軍事に支えられての発展よりはいい」と意気軒昂だった。さながら「物理学会の〝文化大革命〟の様相だった」と報じる新聞もあった。[6]

表　四つの決議案への投票結果

決議	賛成	反対	棄権
1	2333	554	468
2	2035	693	624
3	1927	777	639
4	825	1584	924

（出典）　総会資料より筆者作成

（3）「政治」を忌避する科学者たち

物理学会は、研究のための資金を軍から受けとったわけではない。学術的な会合に参加するためアメリカからやって来る研究者たちの、旅費と滞在費に資金を使ったのである。決議一～四を提案した会員たちは、いったい何を問題にしたのだろうか。

四つの決議のうち、軍事研究の問題と直接に関わるのは、決議一と三である。決議二は学会内部の手続きに関するものであり、決議四は責任の取り方に関するものである。そこで、決議一と三の「提案理由」から、提案者たちの考えを読み取ってみよう。[7]

決議の提案理由で、彼らは言う。日本学術会議は「戦争のための科学には協力しない」を基本原則の一つにしており、物理学会や、物理学者の他の組織はこれまで、米軍や自衛隊との関係について慎重な態度をとってきた。それなのに今回、米軍から資金援助をうけたことは「客観的には、戦争を目的としている米軍への協力であり、日本物理学会の名誉をいちじるしく傷つけた」（以上、決議一の提案理由）。今後同じような事件を起こさないためには、「学術会議の基本原則を具体化して確認する必要がある」。そこで、今後は「一切の軍隊からの援助、その他一切の協力関係をもたない」（以上、決議三の提案理由）ことにしよう。

決議の提案者の一人である白鳥紀一（しらとりきいち）は、決議が可決されてから二年後に、こうも書いた。

八〇〇〇ドルの米軍資金によって半導体国際会議が軍事科学のための会議になったなどとは誰も考えないのであって、いわば純粋に会議の成功のために米軍からでも金を貰う、ということのもつ政治的意味、乃至物理学者の姿勢が糾弾されたのであった。[8]

こうした意見に対しては、政治的問題を物理学会に持ちこむべきでないとして反対する人たちも少なくなかった。しかし決議の提案者たちは、こう反論した。「軍の援助を受け入れることを拒否するというのも、受け入れることを認めるというのも、どちらも政治的な判断である。この程度の政治は、物理学会を運営する以上、避けることはできない」（決議三の提案理由）。あるいは、「米軍から金を受けることが、その東南アジア軍事政策に加担する［ことになる］のだという位の初歩的な社会的認識」さえも、米軍資金を受け入れた物理学者たちに無いことが問題だと指摘する者もいた[9]（決議の提案者の一人、大学院生の山本義隆）。軍は学問研究とはまったく異なる目的で組織された機関であり、ましてやベトナム戦争のさなかにその戦争の一方の当事者である米軍から資金を受け入れるということは、その戦争の一方のサイドに立つことであり、大きな政治的な意味をもつ、というのだ。

かつて日本学術会議でも、政治を持ち込むべきでないと主張されたことがあった。そして、提案された声明が、どちらか一方の政治的主張に肩入れすることになるとして否決された。今回、物理学会でも、政治を持ち込むべきでないという主張がなされた。しかし今度は、政治を持ち込むべきでないという主張の政治性が問題視され、決議の採択に至ったわけである。決議提案者の代表、小出昭一郎が一〇年後に語った次の言葉が、当時の若手の考えをよく表わしているように思われる。「「政治を持ちこむな」を繰り返す方方の中には、ときの政府の政策に従うのが政治的中立で、逆らうのが政治だと勘違いしているとしか思えない方が多いようです[10]」。

（4）ソフト・パワー

決議の提案者の一人、白鳥紀一は、軍のプロジェクト研究が「必ずしも所謂「軍事科学」でないことは、アメリカの軍の研究所での研究、あるいに（ママ）［は、の誤りか］軍と契約して援助をうけている研究をみればあきらかである」と言う[11]。軍事研究か否かを、研究費の出処に注目して判断しようとする、これまで一般的だった主張とは、いくぶんニュアンスが異なることに注目しよう。しかしだからといって、たとえ米軍からお金をもらってもそれが物理学を発展させるためであればよいではないかということにはならない、と彼は考える。彼も提案者の一人となった「決議三」の提案理由には、こう記されている。

軍による援助は、一面基礎研究を進める働きをすることがあっても、軍隊の性格からいって、軍事目的に役立たせることを主目的として行なわれるものである。事実、米陸軍研究開発部長ベッツ中将は「米陸軍と非共産圏の科学界との関係を親密にするという有意義な利益をもたらしている」と米下院で証言している。

研究への支援が、研究成果を直接に軍事利用することを目的として行なわれているのでなく、アメリカの「ソフト・パワー」として行なわれていることに注意する必要がある、というのである。「ソフト・パワー」とは、それと対になる「ハード・パワー」とともに、ハーバード大学教授ジョセフ・ナイが提唱した概念である。対象に影響力を行使するとき、強制（軍事力など）や報酬（経済力など）といった「ハード・パワー」で行なうこともあれば、文化や、政治的価値、政策で相手を魅了するといった「ソフト・パワー」で行なうこともあるというのだ。

「中東和平問題に関し日本は、平和憲法を持つ国ならではの、独自の貢献をしている」と言われることがある。これもソフト・パワー行使の一例であり、平和実現のためにソフト・パワーが行使されることもある。だから、物理学会の決議提案者たちが問題にしたのは、ソフト・パワー（の行使）それ自体ではなく、何を意図したものかという点であろう。

（5）東洋文庫をめぐって

「東洋文庫」といえば、一九二四年に設立された、東洋学に関する文献資料を収蔵する、世界有数の図書館であり研究所である。その東洋文庫に対してソフト・パワーが行使され、学術界の大きな問題となったことがある。

一九六一年の暮、東洋文庫で行なわれている近現代の中国研究に対し、アメリカのアジア財団が一九六二年から三年間で一五万四〇〇〇ドル（約五五〇〇万円）、フォード財団が五年間で一七万三〇〇〇ドル（約六二〇〇万円）の資金提供を行なう、との発表があった。支援額を合計すると、日本で行なわれる中国研究に対し文部省が提供していた科学研究費の一五倍以上という、巨額な申し出であった。

ところが日本の中国研究者たちは、東洋文庫が両財団からの助成を受け入れることに反対だと声をあげた。一九六二年七月五日には二六六名が参加して大規模な全国シンポジウムを開催し、東洋文庫の助成受入れに反対を表明した。アジア財団もフォード財団も米政府との間で活発に人事交流を行なっていることから、両財団は米国政府の文化政策を担っているのではないかと考えられた。アジア財団については、前身の自由アジア委員会のときに、短波放送「ラジオ・フリー・アジア」で明白な反共プロパガンダを行なっていたという前歴もあった。研究者たちは、両財団のこうした政治色を考えるならば、助成を受け入れると、日本の中国研究が助成団体の意向に左右されたり、そこまでいかないにしても研究成果が中国に対する米国の冷戦戦略の作成に利用され、米国の政策に加担することになるのではないか、と危惧したのである。

しかし東洋文庫は、両財団からの助成金を受け入れた。先の「米軍資金問題」が自然科学分野の出来事であったのに対し、こちらは人文社会科学分野での、類似の出来事であった。

アジア財団は、実際のところ何を意図していたのだろうか。近年になって開示されたＣＩＡ文書を調査した研究に拠ると、アジア財団の活動目的は「共産中国に関する事実調査を行い、これを日本社会に拡散することで、中国に関する日本人の態度に影響を与えること」であった。そして東洋文庫への支援は、「ＣＩＡの資金を用いて日本の中国研究者に反共・親米感情を促進することを目的とした、ソフトパワー外交であった」という[12]。

こうしてみると、物理学会で四つの決議を提案した人たちがベッツ中将の発言に抱いた警戒心を「単なる思い過ごし」と言って済ますことはできないだろう。

（6）「決議三」のあいまいさ

物理学会の総会に提案された「決議三」については、その「あいまいさ」も大きな問題になった。軍からの支援を拒否するのは、物理学会だけなのか、それとも会員個人も拒否するのか。軍関係者が秘密でも何でもない研究を行ない、その成果を学会で個人として発表するのも認めないのか。軍関係者が個人として学会に入会することも認めないのか。外国では国際会議の開催に軍関係から資金が出ていることが多い、そうした国際会議には出席できないのか。なかには、「ソビエットで国際会議があって日本物理学会代表として出席した会員が、先方で軍の資金による接待などを受けることになったとき日本物理学会に電報で照会するのか」といった仮想事例を持ち出して、「決議三」の非現実性を示そうとした者もいた。

こうした「あいまいさ」への批判に対し、決議を支持した槌田敦（つちだあつし）は言う。「決議三」の解釈に困ったときは、「その場合に十分討議して決めることだけが、物理学会を軍から守る方法なのである。現在のように無原則であれば、第二、第三の事件は防ぎようがない」[13]。言い方を変えれば、最初から完璧を期することはできない、守り育てていく努力こそが大切だということだろう。前出の山本義隆も、「決議の成立は問題の出発点であるのだ。この決議が実際に力をもつべくするには、もっと多くの困難がある。……この決議がその誕生と同様あまり祝福されず研究者を悩まし続け、たくましく世にはばかることを願う」[14]。ケースバイケースの判断を積み重ねていくことでこそ「決議三」が生きる、ということだろう。

ひとまずの規準を作り、それを洗練させていくという途をとるか、規準を作ってもその解釈・運用をめぐって困難が予想されるので、規準作り自体をすっかり止めるか、そうした姿勢の違いと言えようか。

物理学会はその後、「決議三」に関し、運用の原則を徐々に確立していった。ある研究者が、どの組織に所属するかによって、物理学会への入会や、学会での発表、機関誌への投稿について差別することはしない。しかし軍の機関に所属する者が学会の役員や委員に就任することは望ましくない。研究者として個人で行なった研究の成果については発表の権利がある。しかし軍機関のプロジェクト研究であることが明らかな場合には、成果の発表を認めない。それゆえ、軍機関への謝辞を付けることが義務づけられている論文は掲載しない。軍機関所属者の論文が学会の機関誌に掲載された場合、別刷り代金は個人に支払ってもらう、などの原則である。また一九七〇年の第二五回年会以降、学会が主催する年会や分科会のプログラムの冒頭に、「決議三」の尊重を要望する文章を掲載することにした(15)。

3 「平和の目的に限り」の定着

(1) 宇宙開発のはじまり

日本における宇宙開発は、東京大学生産技術研究所の糸川英夫による「ペンシルロケット」の開発によって幕が切って落とされた。糸川が、長さ数十センチメートル、口径数センチメートル、重量数百グラムの鉛筆型ロケット（ペンシルロケット）の水平発射に成功したり、高度六〇〇メートルまでの飛翔実験に成功したのは、一九五五年のことである。

糸川の目論見は、太平洋を二〇分で横断する超音速旅客機の実現を目標に据え、そのエンジンを開発することだった。ところが、糸川がペンシルロケットで成功したちょうどそのころ、国際地球観測年（一九五七～五八年）の事業計画が具体化しはじめ、ロケットを用いた電離層の観測を目ざそうという動きが学術界に出てきた。また、一九五七年秋にソ連がスプートニクの打ち上げに成功し、出し抜かれたアメリカも宇宙開発に力を入れ始めた。こうした動きが日本の科学者たちに、早くソ連やアメリカに追いつこうという気持ちを奮い立たせたことも無視できない。こうして日本では、科学観測のためのロケット開発という形で宇宙開発の研究がスタートした。

（2）「平和の目的」に限定

それから一〇年ほど後、一九六九年一〇月に宇宙開発事業団（ＮＡＳＤＡ）が誕生して、日本における宇宙開発が本格化する。

ＮＡＳＤＡは、「宇宙開発事業団法」に基づいて設置された。一九六九年六月に国会で成立したその法律は、第一条で事業団の目的をこう定めている。

> 宇宙開発事業団は、平和の目的に限り、人工衛星及び人工衛星打上げ用ロケットの開発、打上げ及び追跡を総合的、計画的かつ効率的に行ない、宇宙の開発及び利用の促進に寄与することを目的として設立されるものとする。

宇宙の開発利用は「平和の目的に限る」と明記している。それだけではない。同法を審議する過程で、衆議院でも参議院でも付帯決議がなされた。

衆議院本会議での「わが国における宇宙の開発及び利用の基本に関する決議」は、次のような表現で、「平和の目的に限る」ことを謳った。「わが国における地球上の大気圏の主要部分を超える宇宙に打ち上げられる物体及びその打ち上げ用ロケットの開発及び利用は、平和の目的に限り、学術の進歩、国民生活の向上及び人類社会の福祉を図り、あわせて産業技術の発展に寄与するとともに、進んで国際協力に資するため、これを行うものとする」。宇宙の開発利用は平和目的に限るなどの基本方針は、本来であれば「宇宙開発基本法」を制定しそのなかで謳うべきことであるが、当面の間そうした基本法に替わるものとしてこれを決議したのであった。

参議院でも、三項目の付帯決議がなされた。

一、すみやかに宇宙開発基本法の検討を進め立法化を図ること、

二、宇宙の開発および利用にかかわる諸活動は、平和の目的に限り、かつ、自主、民主、公開、国際協力の原則の下に行うこと、

三、人工衛星およびその打上げ用ロケットの研究、開発および利用にあたっては、各種研究機関との連携を密にし、学術の進歩、産業技術の発展、国民生活の向上および人類社会の福祉を図ること。

（3）世界のなかで特異だったか

NASDAが誕生し日本が宇宙開発を本格的に始めようというとき、平和利用に限ることが強く意識されていた。日本のこうした立ち位置は、国際的にみて異例だったのだろうか。

人類の歴史で初めての人工衛星、スプートニク一号の打ち上げにソ連が成功したのは、一九五七年一〇月である。その一ヶ月後、一一月の国連総会で、早くも将来の宇宙利用に関する決議が採択され、平和利用も盛り込まれた。この当時、「平和利用」が何を意味するのか、明示的に定義されることはなかった。それでも、米大統領の書簡や国連総会での各国代表団の発言や決議などから判断して、「平和利用」とはすなわち「非軍事的（non-military）な利用」を意味すると世界の各国は考えていた、と言われる[16]。

その後アメリカは、一九五九年に画像偵察衛星（コロナ・シリーズ）の打ち上げに成功し、六〇年には敵の弾道ミサイルの発射をいちはやく発見する早期警戒衛星（NASDAシリーズ）の第一号を打ち上げる（ただし軌道に載せるのに失敗）など、軍事衛星の利用を始める。ソ連はアメリカのこうした動きに反発し、国連の宇宙空間平和利用委員会にスパイ衛星禁止案を提出する。ところがそのソ連も自国の軍事衛星打ち上げが軌道に乗り始めると、宇宙の「平和利用」を「非軍事利用」に限定すると言わなくなる。

そして「宇宙条約」（正式には「月その他の天体を含む宇宙空間の探査及び利用における国家活動を律する原則に関する条約」）が採択される一九六六年一二月ころには、米ソともに、平和利用＝「非侵略的

（non-aggressive）な利用」という解釈をとり、自衛権を行使する要件が満たされるならば、宇宙から敵国の宇宙物体や敵国の領域を攻撃することも許容される、と主張するようになる。

平和利用＝非侵略的利用という解釈を、国際社会は米ソに押し切られる形で受け入れざるをえなかった。米ソとも宇宙条約を採択する以前に、偵察衛星や早期警戒衛星という形ですでに宇宙の軍事利用を開始しており、他国はこうした利用を封じる物理的手段をもたなかったからである。

日本の国会でも、この宇宙条約の批准をめぐって議論する過程で、次のようなやりとりがあった。宇宙条約を批准することは、宇宙空間の軍事利用を合法化することになるのではないか、アメリカがベトナム戦争のために現に行なっているような衛星の軍事利用がこの宇宙条約では禁止されていないのだから。こうした指摘に対し、政府側は次のように答弁した。日本政府としても「月その他の天体を含む宇宙空間全体を完全に非軍事化することが理想」との立場をとり、「国連その他で十年来そういう主張を常にやってきております。しかし現実の米、ソを中心とする国際政治の現状からは、とていそこまでは実現し得なかったというのが実状であります[17]」。

米ソのこうした対応により「平和的目的」（平和利用）の意味が矮小化されたと、宇宙法の研究者である青木節子（あおきせつこ）は言う。

「平和的目的」という用語の通常の意味に照らしても、また、宇宙空間という新たな活動領域を人類一般の福祉のために利用しようとする国際社会の意欲を反映した国連総会諸決議に基づいて考えても、「平和的目的」の宇宙利用がそのような矮小化された意味しか持ち得ないと考えるのは妥当ではないであろう。国家が侵略戦争を行うことは既に禁止されているのであり、非侵略的な活動にわざわざ「平和的目的」の活動という地位を与える意味は存在しないと考えられるからである。

日本の国会決議は、「非軍事」という言葉こそ用いていないが、「平和の目的に限り」という表現で、平和目的＝非軍事と解する立場を表わしたのだった。こうした立場は、宇宙条約が成立するまでの経緯に照らしてみると、世界のなかで決して特異なものではなかったと言えよう。

（4）日本学術会議の再決議

「平和の目的に限り」と謳って宇宙開発が本格化する二年前、一九六七年一〇月に日本学術会議が「軍事目的のための科学研究を行なわない声明」を決議していた（賛成九三、反対四二、棄権一五）。次のような声明である。

……現在は、科学者自身の意図の如何に拘らず科学の成果が戦争に役立たされる危険性を常に内蔵している。その故に科学者は自らの研究を遂行するに当って、絶えずこのことについて戒心することが要請される。……ここにわれわれは、改めて、日本学術会議発足以来の精神を振り返って、真理の探究のために行われる科学研究の成果が又平和のために奉仕すべきことを常に念頭におき、戦争を目的とする科学の研究は絶対にこれを行わないという決意を声明する。

この声明が出される直接の契機は、先に見たように、日本の科学界がアメリカ軍から研究費の援助を受けていることが問題化したことである。そのとき日本の世論は、ベトナム戦争を戦うアメリカに対し概して批判的だったし、Ｂ52が沖縄からベトナムに向け発進し本土の基地も直接間接に使用されるなど、日本が、宣戦布告こそしないものの間接的にベトナム戦争に参加していることへの批判もあった。「ベ平連」（ベトナムに平和を！　市民連合）のような市民運動が続けられ、反戦脱走米兵への援助活動も行なわれた。

「戦争を否定するか肯定するか」について、一九五三年から六八年にかけ国民の意識がどのように変化してきたかを見てみると、一九五三年には、戦争を絶対に否定するという人が一五％であるのに対し、条件つきで肯定する人が七五％にものぼる。ところがこの傾向は次第に逆転する方向に進み、一九六〇年代後半には、戦争を絶対に否定する人が七五％ほどとなり、条件つきで肯定する人が二〇％を切るようになる。[18]戦争を忌避する国民感情は、敗戦後二〇年ほどの年数をかけて醸成されてきたのである。

同様に「戦争目的の科学研究はしない」「平和の目的に限る」という考え方も、一九六〇年代末にかけて次第に定着したと言えそうである。日本学術会議の一九五〇年の声明は、朝鮮戦争が勃発する直前という、いわば際どいタイミングで可決されたものであり、その後は同じような趣旨の声明が否決され続けた。しかし一九五五年になって原子力基本法が「原子力利用は、平和の目的に限り」と謳う。そして六九年には宇宙開発も「平和の目的に限る」と決めた。その少し前の六七年には日本学術会議も、改めて「戦争目的の科学研究はしない」と決議したのである。

(5) 自衛官の大学入学を拒否

日本学術会議が「戦争目的の科学研究はしない」と改めて声明を出した一九六七年は、自衛官が大学で学ぶことへの反対運動が強まった年でもあった。

京都大学では、学生自治会の同学会などが三年ほど前から、現職自衛官を大学に入学させることは「軍事研究に協力するものだ」などと主張していた。六七年五月に明るみに出た米軍資金の問題が、そこに油を注ぐことになった。六月末の学生大会で、工学部などに在学中の現職自衛官二五名の追放と、今後あらたに自衛官を入学させないことを求めて、全学ストライキの実施を決議した。

この当時、全国の国公私立の一八大学に自衛官一〇九名が在学しており、東北大学や横浜市立大学、熊本大学、東京都立大学、千葉大学、九州大学などにも同様の反対運動が広まっていった。また東京大学では一九六三年から、「官公庁に勤務しているものは、退職もしくは休職しなければ［大学院に］入学できない」としていた。

自衛官への入学拒否が広まるなか、文部省は一九六七年九月に、「教育基本法が、社会的身分により教育上差別しない、と定めている以上、自衛官だからといって、入学を拒むのはよくない。あくまで、就学に堪えられるかどうかが選考の基準になるべきだ」との見解を示した。これに対し東大の大河内総長は、「大学院での学問研究は、公務員本来の仕事と兼務の形では無理である、という判断に立っているのだ」として、今のところ方針を変える必要はないとした[19]。なかには、仮に入学しても平穏に授業を受けられる保証がないという点を拒否の理由に挙げる大学もあった。

自衛官を入学させないよう大学当局を突き上げた人たちの主張は、「自衛隊は国会が制定した自衛隊法にもとづく合法的な存在だが、合憲かどうかについては争いがある。……自衛隊員は、憲法上の権利を主張できる合法的職業か」、「自衛隊員は公務員として職務専念義務があり、その職務である「軍務」が、大学自治や学問の自由と矛盾する」など多様であった[20]。

こうして一九七〇年度には、防衛庁から職務の一環として大学院に入学する者がゼロになる。防衛庁はその後一九七二年度から「隊員の受け入れに協力的な大学院」に派遣するようになり、表だった入学拒否はなくなった。しかし一九八三年になっても、派遣先の大学名や研究内容について国会で質問された防衛庁の担当者が、それを明らかにして「派遣先大学に自衛官を派遣できなくなったという苦い経験もございますので、公表は差し控えさせていただきたいと思います」と述べて拒否している[21]。公然と入学することは、なお難しかったのだと思われる。

大学への学生派遣が困難になったのと同じころ、防衛大学校の教官や技術研究本部の技官にとって「学会における研究発表さえも困難な状況が生まれた」とも言われる。また防衛大学校では一九七七年に教官の国内研修制度を改定し、原則として国立大学に派遣するとしていたのを公私立大学への派遣でもよいとした。その理由について『防衛大学校五十年史』は「公私立大学でも派遣・研修するにふさわしい大学があることが主たる理由であったが、国立大学で本校教官の受けいれを拒否する例が増えてきたという事情もあった」と述べている。[22]

一九六〇年代から七〇年代にかけては、自衛隊に対する風あたりが、学術界に限らず社会全体から強まった時期である。いわゆる「革新自治体」を中心に、国から委託されている自衛官募集の窓口業務を行なわない、成人した自衛官を自治体主催の成人式に招待しないなどの動きがあった。世論調査をみても、一九五四年以来一貫して、「自衛隊を増強せよ」という意見が「自衛隊を縮小せよ、なくせ」という意見と同程度か最大二〇％ほど上回っていたのに、一九七〇年には後者が八％、七一年には三〇％も上回る。[23]

自衛官の大学入学をめぐる動きは、自衛隊への忌避感が社会全体で増大した、という情況下での出来事であったと言えよう。

4　ベトナム戦争とアメリカの科学者たち

（1）政策提言を通しての戦争参加

科学技術の研究者たちと戦争（軍事）との関わり方は、具体的な兵器の研究開発に自ら直接に従事する、という形に限られるわけではない。たとえば、科学技術における最新の研究開発動向を調査したうえで、将来的に開発するのが望ましい兵器を提言したり、あるいは既存兵器の改良方策を提言するなど、科学技術の専門家として軍や政府に対しコンサルタント的な役割を果たす、といった形がありうる。社会科学分野の研究者であれば、国際政治情勢を分析したうえで、採るべき安全保障戦略を提言する、といった活動などが考えられよう。

今日では、さまざまな分野の研究者が、政府や地方自治体などの政策決定にいろいろな形で関与するようになっている。各種の審議会の委員として政策を構想し評価したり、シンクタンクの研究員として政策提言を行なったり、ときには政治家のブレインとして引き立てられることもある。テーマも、エネルギー政策の進め方、各種リスクの評価や管理のあり方、教育や福祉のあり方など、多様である。しかし、こうした政策提言はいつも受け容れられるわけではないから、研究者としての思いと政治や社会の現実との間で葛藤が生ずるに違いない。また逆に、政策提言が受け容れられた場合、その政策がもたらした結果に対し研究者はどこまで責任を負うべきかという問題も生ずる。政策提言の対象が軍事（あるいは安全保障）に関わるものである場合、ましてや現に戦争をしているという状況下においては、そうした葛藤や責任がより重大なものになるであろう。

そこで以下では、ベトナム戦争をめぐってアメリカを中心に起きた、ある一連の出来事について見てみることにしよう。

（2）ペンタゴン文書

一九七一年六月一三日、アメリカ全土に大きな衝撃が走った。新聞ニューヨーク・タイムズがこの日、のちに「ペンタゴン文書」と呼ばれるようになる、ベトナム戦争に関する機密文書を連載し始めたのである。衝撃はヨーロッパやアジアの国々にもすぐ波及していった。

話は数年前に遡る。一九六七年、国防総省のアナリストたちが、国防長官ロバート・マクナマラの求めに応じて、第二次大戦が終結して以降この年までアメリカがベトナムに政治的あるいは軍事的にどのように関与してきたかについて調査を開始した。彼らは、国防総省はもちろん国務省やＣＩＡでも機密文書を調べた。そして一九六九年、調査の結果を四七冊の報告書にまとめた。三〇〇〇ページにのぼる証言記録や四〇〇〇ページの補足資料を含む、膨大なものである。

ダニエル・エルズバーグもこの調査に参加した一人であった。一九五四年から五七年までアメリカ海兵隊の士官を務め、のちにはランド研究所（軍事戦略の研究機関）や国防総省で戦略分析に携わったこともあり、調査に従事し始めた頃はインドシナへのアメリカの介入を支持していた。ところがやがて、アメリカはベトナムで勝利をおさめることができないだろうと確信するようになる。そして一九六九年にまとめられた調査結果は、もっと広い範囲の人々に知られるべきだと考えるようになった。

文書の一部を密かにコピーし、議会のメンバー何人かにアプローチしてみた。だが誰も行動を起こしてくれなかった。そこでニューヨーク・タイムズ紙の記者ニール・シーハンにコピーを渡した。一九七一年の春ごろだったと思われる。このときエルズバーグは、ＭＩＴの国際学センターで上席研究員として働いていた。

ニューヨーク・タイムズが六月一三日から始めた連載は、エルズバーグがリークした機密文書（政策決定者の文書や会議記録、政府要人の指令や電報など）を使い、アメリカのベトナム政策の内幕を克明に記述したものだった。政策決定者たちの「表情をかくしカメラで写し、その私語にいたるまでもかくしマイクで録音したものといってもいい不気味さをただよわせている」[24]と、あるジャーナリストが表現するほどに生々しいもので、政府がひた隠しにしてきたベトナムをめぐる真実を国民の前にさらけだすものだった。

ニューヨーク・タイムズの連載は、シーハン記者をはじめジャーナリストが、ペンタゴン文書を解読し、解説も加えて、理解しやすいよう再構成したものである。もとになった「ペンタゴン文書」が全文そのまま公開されるのは、二〇一一年のことである。四〇年前の六月一三日にニューヨーク・タイムズが暴露記事の連載を始めたことを記念し、六月一三日に全面公開された。

しかし一九七一年の時点でリークされていた部分は、早くも同年の夏に書籍として公刊された。するとそこには、ジェイソン（Jason）という名のグループに属する科学者たちとベトナム戦争との関わり、とりわけ、彼ら科学者たちが考案してマクナマラ国防長官に提案した「浸透阻止障壁」と、それを活用した軍事作戦のことが詳しく記されていた。この提案にマクナマラ長官が「明らかに強い感銘を受け、賛成した」とも書かれていた。

(3) ジェイソンは国防総省から独立

ジェイソンとは、物理学者のゴールドバーガーが中心となって立ち上げた、防衛問題に関するコンサルティング会社（科学者グループ）である。[25] ゴールドバーガーが言うに、仲間を集めるにあたって声をかけたのは、理論物理学者で、かつ様々な分野のことをよく知っており、数学モデルを使って自然現象を理解し予測するという抽象的な考察のできる人物だけだった。

一九五九年一二月、国防総省傘下の防衛分析研究所（IDA）本部に俊才たち三〇名ほどが集まって、グループの第一回目の会合を開いた。そして翌一九六〇年の一月一日付で、国防総省の高等研究計画局（ARPA）からプロジェクト番号一一をもらい、グループが正式に発足した。顧問には、ハンス・ベーテ、ジョージ・キスチャコフスキー、エドワード・テラーという、錚々たるメンバーを迎えた。

この科学者グループのことを、国防総省は「プロジェクト・サンライズ」と呼んだ。しかしゴールドバーガーはこの名が気に入らず、妻の提案したジェイソンという名を使った。ギリシア神話に登場するイアソン（Jason）とアルゴー号に由来する。われら科学者グループは、アメリカの国防（アルゴー号）を導くイアソンだ、というわけである。

一九六〇年四月、ジェイソンの各メンバーは国防総省の人物調査をパスして、機密情報にアクセスする許可を得た。そして、取り組むべき問題群についてブリーフィングを受けた。第一回目の夏期研究会は、カリフォルニアのローレンス・バークレー国立研究所にメンバー二〇人ほどが集まって開催し、弾道ミサイル防衛などをテーマに検討を重ねた。これ以降、ジェイソンのクライアントは、一九六〇年代を通してずっとＡＲＰＡだけだった。「防衛に関する問題に興味をもって取り組んだのは、それが最も難しい問題だったからだ」とゴールドバーガーが後に語っている。

ジェイソンは、ＡＲＰＡからコンサルト料を受け取り、ＡＲＰＡから与えられた課題に取り組みながらも、あくまで科学者としての独立した判断を提供しようと努めた。それゆえ、クライアントであるＡＲＰＡからの、プログラム・マネージャーを研究会に参加させたいという申し入れも拒否した。国防総省からの干渉を一切受けることなく、国防に関する問題を純粋に科学的な観点から考察しようとしたのである。

（4）ジェイソンとベトナム戦争

ジェイソンが誕生した一九六〇年は、アメリカがベトナムでの戦争に深く首を突っ込み始める頃であった。その後アメリカがベトナム戦争の泥沼にはまり始めると、ジェイソンもまたベトナム戦争と本格的に関わり始めた。

一九六五年に入ったころから、ホーチミン・ルートを通って北から兵員や武器が供給されるのをいかに食い止めるかが、アメリカにとって重大な課題となってきた。そこでＡＲＰＡは、ジェイソンに迴す年間予算を二五万ドルから五〇万ドルに倍増し、ホーチミン・ルート対策の研究を依頼した。その研究の結果がどのようなものであったのかは、いまなお機密指定されているため不明である。しかしジェイソンの提案が採用されなかったことはわかっている。研究に携わったゴールドバーガーによると、「実施に移すには時間がかかりすぎる」のが理由だったという。[26]

軍は、すぐに成果のあがる方法を求めていた。そこでマクナマラ国防長官は、ホーチミン・ルートを潰すのに核兵器が有効かどうか検討するよう、ジェイソンの科学者たちに求めた。結論は、核兵器は有効でない、というものだった。

ジェイソンの科学者たちによる検討結果をまとめた報告書は、二〇〇三年に機密解除されている。それを見ると、彼らは次のように指摘している。ジャングルに張り巡らされたルートを核兵器で潰すには、小型の戦術核兵器が一日に一〇個、年間三〇〇〇個ほど必要になるだろう。迂回ルートもすぐに作られるだろう。むしろ放射性物質をルートの要所要所に投下するのがよいかもしれない。しかし放射能はやがて弱まるし、放射性物質を迂回するルートも作られるだろう。それに、ひとたびアメリカが使えば、中国やソ連も他の共産主義勢力に対して小型核兵器を提供するだろうし、長期的には世界中の反政府勢力の間に核を拡散させることになるだろう。[27]

(5) 浸透阻止障壁

核兵器の使用は有効でないと結論を下したジェイソンの科学者たちは、核兵器に替わる方策を考案するよう、国防総省から改めて諮問される。そこで考え出したのが「浸透阻止障壁」である。[28]

ホーチミン・ルートの途中に物理的な柵を築き、そこかしこに設けた監視塔に兵士を常駐させて、北から南への浸透を阻止する、これが表向きの説明である。しかし科学者たちが本当に目ざしたのは、ハイテクを使い、空からも支援をうける浸透阻止障壁だった。

ホーチミン・ルートに沿って、あるいはそれを横切るように、さまざまなセンサーを設置する。人や荷車、トラックなどの音や振動をとらえるセンサー、兵士の体熱やエンジンの熱を感知するセンサー、あるいは匂いに反応するセンサーなどである。それらセンサーを適切な地点に設置するには、パラシュートから落としたり、あるいは上空から槍のように地面に突き刺す。兵士が移動したり荷物が運搬されるなど、敵が何らかの動きをすれば、センサーが感知して信号を発する。上空を飛ぶ飛行機がその信号をキャッチし、アメリカ軍の基地に送信する。各所から時々刻々送られてくる情報は、コンピュータで解析し、敵の全体的な動向を把握する。そのうえで、北から南への兵士や物資の浸透を防ぐのに最も効果的な地点とタイミングを見計らって攻撃を仕掛ける。これが浸透阻止障壁の真の仕組みであり狙いであった。

浸透を効果的に阻止するにはどんな爆弾が効果的か、これもジェイソン科学者たちの研究テーマだった。これに対する答の一つとして考案されたのが、クラスター爆弾である。空中で爆発して、中に込められた六〇〇個あまりの子爆弾を広い範囲にばらまく。それら子爆弾は地表に近づいてから爆発し、カミソリの歯のように鋭い金属片を周囲に放出する。半径八〇〇フィート（約二四〇メートル）内の人を殺すほどの威力があった。このほか、輸送トラックのタイヤを攻撃するのに適した爆弾なども考案した。必要な爆弾の量や、必要な経費を見積もる、といったことも行なった。

浸透阻止障壁のアイデアはマクナマラ国防長官によって採用され、一九六七年一月にはジョンソン大統領も承認して、陸軍の工学者アルフレッド・D・スターバード中将が具体的な開発作業の担当を命じられた[29]。そして一年後には、一八億ドル（二〇一五年の価値に換算すると一二〇億ドル）の資金を投入して、ホーチミン・ルート沿いに浸透阻止障壁の構築が始まった。

しかし、この浸透阻止障壁がベトナム戦争の戦局を左右することはなかった。ジャングルでは気温が高いため電池がすぐ消耗してしまうとか、センサーを、狙った地点に投下して設置することがうまくできなかった、などの要因が大きかったと言われている[30]。

（6）ジェイソンに属する科学者への批判

一九七一年六月のニューヨーク・タイムズ紙の報道を契機にペンタゴン文書の内容が明らかになると、ジェイソンに属する科学者たちへの批判が急速に高まった。一九六七年から六八年にかけての時期にも、ホーチミン・ルートへの攻撃に核兵器を使用する件などで、ジェイソンの科学者たちの関わりが一部で報じられたこともあったが、確たる証拠がなかった。しかし今回は、決定的な文書が目の前にあるのだ。

一九七二年、ニューヨークのコロンビア大学で、教授たちのグループがジェイソンに参加している物理学者たちに対し、ジェイソンから離脱するか、さもなくば大学を辞めるよう求めた。ベトナム反戦運動を展開する学生たちも、物理学科のある建物の入口で毎週水曜日にピケを張り、同大学のジェイソン物理学者たちを批判するビラを配った。建物を封鎖することもあった。六月には、物理学者マルヴィン・ルーダーマンのグリニッジ・ヴィレッジにある共同住宅がデモ隊に囲まれ、ルーダーマンとジェイソンとの関わりを批判したビラが道行く人々に配られるという出来事が起きた。西海岸でも、バークレーに住むケネス・ワトソンが、家の前の歩道に「戦争犯罪人」と落書きされ、サンタバーバラではゴードン・マクドナルドがガレージに火をつけられた。

ジェイソン科学者への批判は、アメリカ国内にとどまらなかった。一九七二年の六月、長期休暇でパリに滞在していた物理学者ゲルマンが、コレージュ・ド・フランスで物理学の授業を行なおうとしたところ、反戦運動をする学生たちに取り囲まれ、ジェイソンで何をしたのかと追求されて授業を途中で打ち切った。翌月にはイタリアで物理学者シドニー・ドゥレルが、ジェイソンで行なったことを反省せよと学生たちから迫られ、講義を途中で打ち切った。ベトナム反戦運動が、大西洋の東でも西でも昂揚しているときのことだった。

同じころ世界科学労働者連盟（ＷＦＳＷ）でも、科学者の社会的責任が話題にのぼった。なかでも、アメリカの少なからぬ科学者たちが、自らの独立と自らの生活様式を守ろうとする小国ベトナムに対して用いる高度な兵器の開発に関与していたことが論議の的になった。そして、ジェイソンの科学者たちに「良心に照らし自らの行動をどのように正当化できると考えているのか」尋ねてみようということになった。

ＷＦＳＷとは、原爆の悲劇を防ぎ、科学を人類の福祉に役立てることを目ざして、一九四六年にイギリスで設立された、世界各国の科学者団体や労働者団体が加盟する国際組織である。初代の会長はフレデリック・ジョリオ＝キュリーであった。東西の冷戦が始まってからは、科学者たちが政治体制の違いを超えて議論する会議やシンポジウムを開催し、軍縮を目ざしていた。

ジェイソンの科学者たちへの質問は、メンバーと目される科学者たち四一人（そのうち六人はノーベル賞受賞者）に、連盟の会長バーホップから手紙で送られた。そして一一人から回答の手紙が届いた。当時は、回答結果の概要のみがバーホップによって発表されたが、今では一一人の回答（バーホップが一一人とやりとりした手紙）そのものを閲覧することができる。[31] それらは、軍事研究に関わった科学者たちの思いや、軍事研究に参画した科学者たちが直面する問題（葛藤）を如実に示すものであり、今日のわれわれにも示唆するところが多い。アメリカ物理学会の雑誌『フィジックス・トゥデイ』の誌上で展開された議論も参考にしながら、見てみよう。

（7）犠牲を減らすために

シカゴ大学の物理学者ロバート・ゴーマーは、浸透阻止障壁の研究には参加しなかったと、会長バーホップからの手紙に回答している。もともとアメリカはベトナムで間違った陣営を支持していると思っていたし、また、政治的な問題を軍事的な手段で解決するのはおかしいと思っていたからだという。

そうかと思えば、浸透阻止障壁についてこんな意見を記す者もいた。「科学者としては、フェンス

〔障壁〕が人々にまったく害を及ぼさない場合を二つ考えることができる。一つは、そもそもフェンスがそこに存在しない場合、もう一つは、そこに存在するフェンスが絶対に越えられないと思えるほどに脅威が大きい場合である」。そして浸透阻止障壁は、ベルリンの壁と同様に後者であると言う。したがって、いったんフェンスが設置されてしまえば、そこを越えようとして死傷者が出ても、その責任はフェンスの設置者ではなく、そこを越えるよう命じた者（すなわち北ベトナム軍）にあると言う。

これは、リチャード・ガーウィンが回答の手紙に記した意見である。ガーウィンといえば、アメリカ初の水爆の設計に携わり、またアメリカ初のスパイ衛星の開発にも参加したことで知られる物理学者である。シカゴ大学で彼を指導したエンリコ・フェルミをして、「彼こそ天才だ」とならせた人物でもあった。

ガーウィンはこうも記している。自分はずっと、戦争の原因を無くすこと、戦争の可能性を減らすための組織を作ること、兵器の削減や管理を進めることに力を尽くしてきた。と同時に、兵器の本性を理解し、より状況に適合した、より精確で、より容易にコントロールできる兵器を開発することにも力を入れてきた。戦争あるいは戦争の脅威のない世界が実現されるまでは、何らかの兵器が必要だろう。だから、大量破壊を引き起こす兵器を避け、特定の用途に最もふさわしい（被害が甚大すぎない）兵器に換えるよう努めてきたのだ、とガーウィンは言う。

物理学者フリーマン・ダイソンも、ジェイソンの活動はベトナム戦争での犠牲者を減らすことに貢献したと考えていた。ダイソンは、ジェイソンのメンバーではあったが浸透阻止障壁の研究には加わらなかった、なぜなら、その研究で目的が達成できるとは思えなかったから、と言う。しかしだからといって「その研究に参加した友人たちが、いかなる意味においてであれ戦争犯罪を犯したなどとは思わない。彼らの勧告が受け容れられたのなら、それにより多くのベトナム人の命が救われたことだろう」。物理学者デイヴィッド・コールドウェルも「ジェイソンの働きがなかったなら、事態はもっと悪くなっていただろう」と言う。

この種の意見は、回答を寄せた科学者たちの多くに、多かれ少なかれ認めることができる。なにやら、「日本への原爆投下は戦争犠牲者を減少させることに寄与した」という意見を彷彿とさせる議論である。ジェイソンの活動がほんとうにベトナム戦争の犠牲者を減らすことに貢献したのか、あるいは別の方法や活動のほうがもっと犠牲者を減らすことになったのではないか、これらは別途検討する必要があるだろう。しかし、そこを詮索することが本書の目的ではないので、先に進もう。

(8) 関与することこそ科学者の責任

政策決定に関与することこそ科学者の責任だという意見も、回答の手紙を寄せたジェイソン科学者たちの多くに共通してみられる。たとえばコールドウェルが言う。

われわれ科学者はふつう、自分の研究が将来どのような結果をもたらすか全てわかって研究しているわけではないし、技術者たちが我々の望みもしないやり方で研究成果を応用することがある。

そうした時に、不快感を表明したり、科学の誤用を警告する声明を発したり、あるいは、よりよい政策決定がなされるよう影響力を行使することのできるポジションを得ることだってできる——幸いにも、そうしたことができる国〔民主主義の国〕に住んでいるのだから——。

ダイソンは、ジェイソンを批判する人々をもっと痛烈に批判する。『ルカによる福音書』に出てくる話を引き合いに出し、彼ら批判者はファリサイ派の人々のようなものだという。それは、こんな話である。

ファリサイ派の人々がイエスの弟子たちに聞いた。「なぜ、あなたたちは、徴税人や罪人など〔道を誤った人たち〕と一緒に飲んだり食べたりするのか」。イエスがこれに答えて言った。「医者を必要とするのは、健康な人ではなく病人である。わたしが来たのは、正しい人を招くためではなく、罪人を招いて悔い改めさせるためである」。

ジェイソンの科学者たちは、迷える（道を誤った）政治家や軍人たちと席を同じくし、彼らを正しい道へと導こうとする、イエスとその弟子たちである。それに対しジェイソン科学者を批判する連中は、自らの身を外に置いて純潔を守りながら批判だけはするファリサイ派の人々のようなもので、ずるい、あるいは身勝手だというのである。

アメリカのベトナムへの介入にもともと反対だったゴーマーも言う、「政策決定の場から完全に身を引くことは、権力に盲目的に追随するのと同様に、解決にはならないと思う」。そして彼自身、外から一市民としてではなく、内から科学者として働きかけるほうが、良きことをより多く成し遂げることができると感じたことがある、とも述べている。

（9）手を引くべきだったのでは

しかし、マルセロ・チーニほかヨーロッパの物理学者たちが、『フィジックス・トゥデイ』誌上でこうした意見に反論した[32]。

ジェイソン科学者たちは、政策決定過程に加わることでアメリカの政策に影響を与えようとしたと言うけれど、成功していないではないか。アメリカの爆撃で、ベトナムの住民三五人に一人が死亡し、一五人に一人が負傷し、六人に一人が難民になったのに、これで影響力を行使したと言えるのか、と言う。

そして、影響を与えることができなかった以上、ジェイソンのメンバーであることを止める、あるいは政策決定に関わることを止めるべきだったのではないか。また、エルズバーグがしたように、ジェイソンの活動を暴露するという途だってあったではないか。「政府の内部にいて、健全な意見が認められるよう努力した」という言い分は、第二次大戦中にナチスに協力したフランス人が戦後になって、「何人かのユダヤ人を救うのに手を貸した」と言って自らを正当化しているのと同じだ。

これは、ジェイソン科学者たちの多くが抱いている思いと、真っ向から対立するものであった。彼らにとってジェイソンの大きな欠陥は、「政府に対し勧告したことではなく、その勧告を政策決定へと結びつけるいい方法を見つけられなかったこと」（コールドウェル）だったからである。

一般に科学者は、戦争の遂行に関わるような組織に協力すべきではないのか、それとも関わったうえで影響力を行使したほうがよいのか。WFSW会長のバーホップは、ジェイソン科学者たちからの回答の概要をまとめた報告文のなかで、その組織が何を目的としているかで判断すべきではないかと個人的には思う、と述べている。

バーホップ自身、第二次大戦中にはマンハッタン計画に参加していた。そして彼は、「それ以降に起きたことをすべて考慮に入れても、〔マンハッタン計画に〕参加するという自分の決断が間違っていたとは、とうてい思わない」と言う。しかしアメリカのベトナム戦争は、自分としては、邪悪で道義に反するものだったと思う、それなのに多くの科学者たちは、科学的に「興味深い問題がある」というだけの理由で、よく考えもせずにジェイソンに飛び込んでいったのではないか。そして、自分たちは科学者として専門的知見を提供するだけで、それがどう使われるかには関知しない、責任を問われる筋合いもないという態度に問題があるのではないかと言う。そもそも、手紙での質問に回答してくれたのが、四一人のうちわずか一一人という状況が、彼には残念だった。「ジェイソンに参加した科学者がみな、ジェイソンに関わる倫理的道徳的問題を真剣に考えてくれているとは思えない」からである。

もっとも、バーホップの主張も、ベトナム戦争について彼と異なる見解をもつ者にとっては説得力を失ってしまうだろう。たとえば物理学者ユージン・ウィグナーである。彼は、アメリカのベトナムへの軍事介入を支持すると言う。なぜなら、それは北ベトナムの独裁から南ベトナムを救うための軍事介入であり、ナチスの独裁からドイツを救おうとしたのと同じである、どちらも残虐な独裁に対する戦いなのだから、と言う。

ウィグナーはジェイソンの一員だと目されていた、それゆえバーホップは彼に手紙を送ったのだった。だが返信の手紙で、自分はジェイソンのメンバーではないし、ベトナム戦争での兵器開発にも関わらなかった、そうだからこそ自由に意見を言うことができるとして、こんな意見を寄せてくれたのである。

しかしここまでくると、問題はもはや「科学者と戦争との関わり」という枠組みには収まらない。ある特定の戦争についてどう理解するか、政治や国際関係などの問題として扱う必要があるだろう。

(10) メディアの闘い

ニューヨーク・タイムズ紙が「ペンタゴン文書」をもとにした記事の連載を六月一三日に開始するや、「秘密」を暴露された政府側の動きはすばやかった。

連載開始の翌日、夜の七時半に、マーディアン司法次官がニューヨーク・タイムズ社のバンクロフト副社長に電話をかけ、連載の中止を求めた。さらにミッチェル司法長官がザルツバーガー社長に電報を送り、「同文書の公開はスパイ法で禁止されており、公開はアメリカの国防上の利益に損害を与える」として正式に掲載中止を求めた。

これに対しニューヨーク・タイムズ社は、連載記事に含まれる情報を公開することはアメリカ国民の利益に沿うと信ずる、それゆえ自発的掲載中止は拒否するとの声明を、三回目の連載記事とともに一五日付の紙面に掲載した。そこで司法省は同一五日、掲載中止の仮処分を求めてニューヨーク市地方裁判所に訴え出た。裁判所は同日午後、掲載を一時中止するよう仮処分を出す。しかし司法省が同時に求めていた、文書の国防総省への即時返還は、訴訟の最終決定まで一時却下とされた。ニューヨーク・タイムズ社は連載の一時中止を受け入れる一方、社説で「文書を入手したとき、公表は義務であり、公表しないことは責任の回避であると考えた。もし米兵士の生命が危険にさらされたり、国家の安全、世界の平和が脅かされると考えたら、この決定はしなかったろう」、「法律の許す最大限まで闘う」と述べ、法廷闘争を続けると宣言した。

他方、ほかの多くの新聞も司法省の動きを言論弾圧と受け止め、ニューヨーク・タイムズを擁護する論説を掲げた。そして一八日、こんどはワシントン・ポスト紙が、ベトナム問題についての暴露的記事を掲載し始めた。国務省から在外公館への公電など明らかに未だ公開が許されていない外交文書を使った、チャルマーズ・ロバーツ記者の署名記事である。こちらも司法省が裁判所に記事掲載の禁止命令を求め、ワシントンでの法廷闘争に移った。

アメリカの新聞は追及の手を緩めなかった。アメリカ東北部の有力紙ボストン・グローブが二二日に、シカゴ・サン・タイムズが二三日に、フィラデルフィア・インクワイアラー紙が二四日に、それぞれ極秘文書の公開を始め、「政府を相手にして真実の報道のゲリラ戦を展開したかの感」を呈した。[33]

ジャーナリズムのこうした動きの背後には、真実を知りたいという国民の願いがあったことも忘れてはならないだろう。国民の知る権利に応えようとする新聞を「支持する〝草の根民主主義〟の伝統も国民にまだ生きている」と、当時アメリカで取材していた日本の新聞記者たちが伝えている[34]。

法廷での争いは連邦最高裁判所にまで進み、六月三〇日に最終決着がついた。「表現に対するどのような差し止めも、違憲の疑いを強く持たせるものと判断する」との判決が下り、ペンタゴン文書の新聞掲載禁止を求めた政府側の要求は却下された。憲法修正第一条に明記されている「言論、報道、出版の自由」が重視されたのである。ニューヨーク・タイムズとワシントン・ポストは、翌七月一日から連載を再開した。

判事九人のうち、新聞側の主張を支持したのは六人である。その一人、ブラック判事はこう述べた。

自由で拘束されない新聞のみが、政府の欺瞞を効果的にあばくことができる、そして自由な新聞の負う責任のうちの至高の義務は、政府が国民を欺き、国民を遠い国々に送りこんで異境の悪疫、異国の銃砲弾に倒れるのを防ぐことである。私見によれば『ニューヨーク・タイムス』『ワシントン・ポスト』その他の新聞は、その勇気ある報道に対して非難されるどころか、建国の父たちがかくも明確に打ちたてた目的に奉仕するものとして賞讃されるべきである。これらの新聞は、ベトナム戦争にいたらしめた政府の行為を明らかにすることにより、まさに建国の父たちが新聞に希望し期待した任務を、立派に果たしたのである[35]。

第4章　新冷戦の時代——「平和の目的に限り」の裏で

1　「軍事」の拡大

(1) デタントから新冷戦へ

一九七二年二月、アメリカ大統領ニクソンが中国を訪れて毛沢東主席と会談し、社会体制の違いをお互いに認めあうなどを内容とする米中共同宣言を発表した。その三ヶ月後、今度は米ソが戦略兵器制限暫定協定（SALT　I）にモスクワで署名し、一〇月に発効した。七五年にはベトナム戦争も終結する。このように一九七〇年代前半から中頃にかけ、国際社会は安定化の方向に向かいつつあった。いわゆるデタント（緊張緩和）の時代である。

しかし七〇年代も末になると再び緊張が高まり、新冷戦（第二次冷戦）の時代に移っていく[1]。一九七九年はじめ、イランで革命が起きた。アメリカ資本と提携して石油資源の開発などを進め利益を独占していた王朝が倒れ、替わってホメイニが政権を掌握したのである。一一月にはアメリカ大使館占拠事件も起きる。一二月にはソ連がアフガニスタンに侵攻した。ソ連が親ソ政権を軍事的に支援し始めたのである。

これらを契機にアメリカの対ソ姿勢が硬化する。一九八一年一月、カーター大統領が、ペルシャ湾地域を支配しようとするいかなる外部勢力の試みも、アメリカの基本的国益に対する攻撃と見なし、軍事力を含むあらゆる手段で撃退すると宣言した。SALT Ⅰに引き続いて米ソ間で交渉が行なわれていたSALT Ⅱ（戦略兵器制限条約）も、七九年六月に署名するところまで漕ぎ着けながら、発効には至らなかった。ソ連がアフガニスタンに侵攻すると、米国内でこの条約はソ連に一方的に有利だという強い批判が起こり、批准されなかったのである。一九八一年一月には、ソ連を「悪の帝国」と見なすロナルド・レーガンの政権が発足し、米国は大幅な軍拡を開始する。

日本の防衛政策も、アメリカの安全保障戦略の変化に追随する形で変化していった。一九七〇年代の日本の防衛政策は、日本に対する差し迫った脅威は存在しないという判断に立った、基本的に抑制的なものであった。「武器輸出三原則」と「非核三原則」が一九六〇年代末に表明されていたし、七〇年代に入ると「専守防衛」の考えが定着し、「基盤的防衛力」の考えも確立された。[2] 防衛費の目安を「GNPの一％程度」とする方針も打ち出された。

しかしデタントが揺らぎ始めると、「基盤的防衛力構想を看板に掲げながら、かなりのところまで、ソ連を念頭においた脅威対向型の防衛力整備がその実態」になっていく。一九七八年に「日米防衛協力の指針」（ガイドライン）が両国の閣僚間で合意され、日本が他国に攻撃されたときなどの、自衛隊と米軍の具体的な役割分担が決められた。そして一九八一年夏には、自衛隊と在日米軍司令部との間で、ソ連の極東軍が北海道に侵攻したときを想定した作戦計画が作成され、一九八六年にはシーレーン防衛に関する日米共同作戦計画も作成された。

アメリカは対ソ戦略の観点から日本にシーレーン防衛への貢献を求め、日本はこれに応えて一九七七年一二月、P３－C対潜哨戒機とF－15戦闘機の導入を決定していた。当初はそれぞれ四五機と一〇〇機の予定だったが、日米の貿易摩擦を背景にアメリカ議会で日本の「安保ただ乗り論」が激化したという事情もあって、一九八五年にはそれぞれ一〇〇機、一八七機に増大する。また一九八二年一一月に発足した中曽根内閣は、対米武器技術供与解禁（武器輸出三原則の適用を除外する）、シーレーン防衛強化（宗谷、津軽、対馬の三海峡封鎖によりソ連の太平洋艦隊が外洋に進出するのを抑える）、日本の不沈空母化（ソ連のバックファイア爆撃機の侵入阻止）といった政策を次々に打ち出し、日米の防衛協力は飛躍的に強化された。

（２）防衛庁技術研究本部と民間企業

防衛庁の技術研究本部も、時代の趨勢にあわせ、一九八七年に大幅な組織改編を行なった。[3] C^{3}I（指揮・統制・通信・情報という四分野の先端技術を駆使することが軍事戦略に欠かせないという考え）や電子戦の増大にあわせて研究所の編成を改めたり、対米武器技術供与に対応できるよう組織を強化するなどした。

この技術研究本部は、警察予備隊（陸上部隊のみ）が一九五二年八月に保安隊・警備隊（陸上・海上部隊）に改組されたとき、保安庁に附属機関として設置された技術研究所に起源をもつ。一九五四年に防衛庁ができると防衛庁の技術研究所となり、一九五八年から技術研究本部となっていた。

技術研究本部は、自衛隊における兵器・装備品の研究開発を一元的に担当する。研究開発のうち開発に関する業務は、陸上・船舶・航空機・誘導武器（ミサイルなど）という四つの装備体系ごとに技術開発官が担当し、各技術開発官の下に、複数の開発室や設計班が配置されている。開発の基礎となる研究業務は専門別に五つの研究所が担当し、試作品などの試験は各地に置かれた試験場が担当する。一九八七年の時点で、試験場は札幌、下北、土浦、新島、岐阜の五箇所にあった。

技術研究本部の職員数（定員）は、技術研究所として発足した一九五二年度にはわずか一〇〇名であったが、一九八七年には一一八二名（そのうち研究職は五四六名、自衛官二五六名）となっていた。予算も、一九五三年度は二三五億円だったのが、一九八七年度には七三三億円（そのうち人件費や設備整備費などを除いて研究開発に関わる分（試作品費や試験研究費、開発試験費など）は六四九億円で、約八九％を占める）にまで増大していた。

技術研究本部における研究開発の実作業は「民間企業の技術力に依存」して行なわれた。すなわち個々の企業あるいは業界団体に研究開発を委託するなど、様々な形で企業の協力を得ることで進められた。たとえば九〇式戦車の研究開発の場合、「協力を頂いた企業は直接間接を含め三菱重工業以下一、五〇〇社以上にも及び、まさに日本の技術力を上げての」取り組みだった。

また潜水艦の耐圧殼（潜水したときに、水圧に抗して内部の人員や機器などを保護する船体構造部分）に使用するのに適した超高張力鋼材の研究開発は、当初、（社）日本造船研究協会に委託して進められた。試験結果の評価などを行なう会議には、防衛庁側の担当者のほかに、多数の学識経験者、製鋼所、造船所、溶接材料メーカーが参加した。学識経験者のなかでは、日本の溶接界の重鎮であり、（社）日本溶接協会会長や国際溶接学会副会長などを歴任する木原博（きはらひろし）（東京大学教授）が中心的な役割を果たし、彼の呼びかけで、破壊力学、冶金、非破壊検査、溶接材料など各分野の研究者も参加した。超高張力鋼材はその後、（社）日本溶接協会の協力を得てさらに研究開発が進められる。

こうした研究に技術研究本部のスタッフとして関わった人物が、のちに回想している。「研究者の少ない防衛庁の場合、もしこのような all Japan 的な協力組織がなかったらＮＳ鋼材［艦船用鋼材］の研究開発は不可能であったと今でも思っている」。

技術研究本部と民間企業との密接な関係は、同本部が取得した特許にも現われている。創設以来、二〇〇二年一一月までに登録した特許一九一七件、国外特許一三件、実用新案五一九件のほとんどが、民間企業との共有である。また、ほぼ毎年のように贈呈する「感謝状」をみても、贈呈先はほとんどが民間企業である。

こうした事実は、他面からみれば、軍事産業が力をつけてきていたということにほかならない。戦前の軍事産業は、敗戦とともにポツダム宣言に従ってすべて解体されたが、朝鮮戦争を機に息を吹き返す。そして経済団体連合会（経団連）が一九五二年に防衛生産委員会を設立するなど、関連企業がまとまって、兵器の自主開発や国産化を防衛庁や政府に働きかけるようになる。第三次防衛力整備計画（一九六七―七一年度）が初めて装備の国産化を前面に打ち出すのだが、その背景には防衛生産委員会の働きかけがあったと言われる。(4)

一九八〇年には、防衛技術協会が発足する。経団連防衛生産委員会、日本兵器工業会、日本航空宇宙工業会、日本造船工業会のほか、日本電子機械工業会などが出資し、本田宗一郎（ほんだそういちろう）を名誉会長、井深大（いぶかまさる）を特別顧問に迎えて誕生した。「最高水準の装備品を、自らの努力と創意で研究開発し、実用化できる体制を官民の協力で強化する」というのが設立の趣旨であった。発足当時の会員は一〇〇〇人弱で、法人と個人がほぼ半々、個人の多くは兵器産業界の技術者たちである。

しかし民生産業も軍事と無縁ではなかった。欧米では、兵器のために開発した技術が民生部門に波及し転用される、という現象がよく見られる。いわゆるスピン・アウトで、インターネットやGPSがその典型的な例である。それに対し日本では、「民生技術のほうが先行している」と言う技術者が多く、むしろ民生技術が軍事技術に転用されるという現象、スピン・オンのほうがよく見られた。電子レンジなどに電磁波吸収材として用いる目的で研究開発されたフェライト（主成分の酸化鉄に、コバルトや、ニッケル、マンガンなどを混合し焼結した磁性体）が、戦闘機のステルス性を高める（レーダーなどで発見されにくくする）のに用いられたというのが、その一例である。

戦闘機のステルス性を高めるには、機体の部材や形状を、照射されたレーダー電波を反射しにくい（あるいはレーダー方向に反射しない）ものにするほか、照射された電磁波を吸収する素材を塗料に混ぜて塗ったりシート状にして貼り付けることも有効である。その吸収性の素材として、民生用に開発されたフェライトが用いられたというわけである。

この件は、一九八五年二月に国会でも取り上げられ、汎用技術が輸出されて軍事利用されることをどう考えるかと野党議員が政府に質問した。それへの答弁は、「一般論といたしましては、技術の国際交流を規制すべき立場に政府はない」というものだった。

こうして一九九〇年には、アメリカの軍事用電子工業製品のうち二〇品目で主要部品に日本製が用いられ、うち七品目（セラミック・パッケージ（京セラ）や、ガリウムヒ素FET（日本電気、富士通）など）では米国製品で代替できないと言われるまでになった。湾岸戦争で、イラクのソ連製スカッド・ミサイル迎撃に威力を発揮した米国の地対空ミサイル、パトリオットにも、日本製のエレクトロニクス製品が使用されていた。(5) 石原慎太郎（いしはらしんたろう）が「半導体で優位にある日本は対米供給をストップするだけで世界の軍事バランスを変えられる」という趣旨の発言をしたのも、このころのことである。

（3）国の研究機関との共同研究

防衛庁は、防衛装備品に関する研究開発を民間企業に委託する一方で、より基礎的な研究を国の研究機関と共同で進めることも試み始めた。

科学技術庁が一九八一年度から、科学技術振興調整費という新しい制度をスタートさせた。先端的で基礎的な研究を推進することや、複数の研究機関の協力あるいは産官学の有機的連携を強化することなどを狙って設けた制度である。各省庁が研究課題を提案し、専門家からなる委員会の審査を経て、どの提案が採択されるか決まる。この科学技術振興調整費に、防衛庁が「光ファイバージャイロの研究」というテーマで申請した[6]。

光ファイバージャイロとは、一般に普及している剛体回転型ジャイロとは異なる、非回転型のジャイロであり、半導体レーザーと光ファイバーの技術を組み合わせることで実現する。信頼度が高く、小型で、高精度、検知感度が高い、ダイナミックレンジが大きい、直線性がよい、ウォームアップ時間が不要など、優れた特徴を持つ。防衛庁の提案は、これを開発する研究に、通産省（工業技術院電子技術総合研究所）や、科学技術庁（航空宇宙技術研究所、宇宙開発事業団）、文部省（東京大学の境界領域研究施設）と共同して、三年間の予定で取り組むというものであり、八二年度分の経費として約一億円を申請した（八一年度にも応募したが不採択となっていた）。

しかし一九八二年四月の衆議院科学技術委員会で、草川昭三（くさかわしょうぞう）議員（公明党）がこの研究提案を問題視して、次のように質問した。レーザージャイロは、アメリカでボーイング757、767に使用されようとしているもので、日本でも宇宙開発事業団がすでに研究を開始している。にもかかわらず防衛庁もそれを研究しようというのだから、「防衛庁としてはどこか違う立場からの研究をされたいわけです」ね、つまり軍事目的の研究なのではないか[7]。そうした研究を科学技術振興調整費で認めることは、科学技術庁の設置目的に反するのではないか。

草川は内閣法制局から次のような答弁を引き出すことに成功した。科学技術振興調整費は「経済の安定成長と国民生活の向上」のためのものであり、「もっぱら防衛目的のための科学技術の研究」は「調整費の対象とするのにはなじまない」。これをうけて科学技術庁長官の中川一郎（なかがわいちろう）も、ジャイロの研究が「もっぱら軍事研究であるということであるならば、そういったものに［科学技術振興調整費を］使う気持ちはございません」と答えて、議論は終わった。

防衛庁はその後、科学技術振興調整費への応募は断念したようである。しかしその一〇年ほどあとに、防衛庁技術研究本部の企画部長が次のように発言している[8]。「現在の防衛庁の研究は、九割以上が成功、つまり装備化につながっている。しかしこれからは成功率の低いものに挑んでいく必要がある。より基礎的な研究、つまり装備化を前提にしない研究も増やさなければならない」。このように基礎研究を手厚く行なおうとすれば、自ずと、大学や国の研究機関などとの密接な連携も視野に入って来ざるをえないであろう。

なお、草川昭三議員は、軍事研究そのものを否定したわけでないことに留意しておきたい。ジャイロの研究を防衛庁が独自の観点から研究することについて、「僕はそれは悪いとも何とも言いませんよ。当然のことですから、ぜひ防衛庁は防衛庁でそういう研究をなさればいい……」（傍点、引用者）と述べている。草川が問題にしたのは、防衛庁のための研究費を科学技術振興調整費から支出すれば、防衛費の「肩がわり」が進んで、いわゆる一％枠の意味がなくなってしまうという点であった。

草川は衆議院議員であり、学術界の人間ではない。しかし防衛力の増強に反対する野党議員の口から、「軍事研究をどうぞおやりなさい」という趣旨の発言が出ていることには注目しておきたい。防衛庁における軍事研究は学術界における軍事研究のようには問題視しない、という姿勢が現われているからである。

2　第五回科学者京都会議

（1）身を引くことを可能にせよ

一九八四年六月、科学者京都会議の第五回目が東京神田の学士会館で開催された。同会議の創設者ともいうべき湯川秀樹や、中心メンバーだった坂田昌一、朝永振一郎はすでに鬼籍に入っており、三年ぶりに開催された今回の会合は、飯島宗一（名古屋大学総長・医学）や、牧二郎（京都大学教授・物理学）、豊田利幸（名古屋大学教授、八四年春から明治学院大学教授・物理学）らが中心になって準備を進めてきたのだった。約三十名が参加して議論した成果は、いつものように最終日に「声明」として発表された。

「声明」は、軍事に関わる研究開発を無くすための具体的方策として、二つのことを提言した。一つは、「科学者本来の相互信頼の強化と、その基礎になる研究成果の公開性の拡大に努力」することである。もう一つは、軍事にかかわる研究開発について社会に向け警告を発するとともに、その種の研究開発には手を染めることなく潔く身を退くことである。後者に関連して、「科学研究者の地位に関するユネスコ勧告」（一九七四年）が「自由に意見を表明」する権利や、「最後の手段として良心に従って身を退き」うる条件の保証を加盟国に求めていることにも注意を促している。

豊田利幸はこの二つ目の提言について、雑誌に寄稿した文章で次のように解説した[9]。現代の科学や技術の研究開発では、軍事的なものと平和的なものを分けることは極めて困難である。また平和的な研究開発が、ある段階から軍事的な研究開発に移行することもあり、こうした移行を認知識別するには、その分野の高度な専門的知識が必要である。「それゆえ、平和的か軍事的かの最終判断は研究者自身の識見と良心に委ねられざるをえない」。また、研究開発に携わる者は、今日では例外なく国あるいは企業に雇用されている。したがって「良心に従って身を退く」ことを現実にも可能にする制度的な保障がなければ、本人や家族が路頭に迷うことになる。そこで「ユネスコ勧告」に言及したのだという。

とはいえ、科学者や技術者の力だけで軍事研究をストップさせることができる、などと考えていたわけではないだろう。第五回科学者京都会議での議論に加わっていた田中正（たなかしょう）（京都大学教授、物理学）が、その年の秋に開催されたある会合（次項参照）で、次のように述べている[10]。

いまや研究者は「体制的に組織され」ており、何万人、何十万人という研究者が「一斉に軍事研究開発の仕事から手をひくことを期待しても、それは非現実的」である。軍事研究開発を支える人たちは壮大なピラミッドを構成している。軍事生産に従事する一般の労働者や多数の技術者・技能者たちのうえに、中堅の科学者や技術者が乗り、最上部には、国や企業の政策を決定するテクノクラートが乗ったピラミッドである。ピラミッドの上層部にいる人たちのごく少数でも自覚的に行動を起こせば、軍事研究開発のありように大きな影響を与えることができるだろう。しかし「科学者・技術者だけの力でそれをストップさせることは不可能」である、「最終的におしとどめることのできるのは民衆の意思をおいてない」と田中は言う。

したがって第五回科学者京都会議の声明が、ユネスコ勧告に言及しつつ、場合によっては「良心に従って身を退く」ことも必要だと訴えているのは、内部告発的な行動に対し期待を表明したものと考えるのが妥当であろう。

軍事研究開発を支える人たちは壮大なピラミッドを構成しており、一部の科学者や技術者だけの力でそれをストップさせることは不可能だという認識は、かつて武谷三男が一九五二年に述べた、「明瞭に軍事目的をもつ研究に従事しないということは、それが真面目に行われる場合、十分戦争防止の一つとなることができるであろう」という認識とは、かなり異なっていることに注目しておこう。

（2）軍備改変

第五回科学者京都会議が開催された年の秋、一九八四年一〇月に、科学者・技術者たちが参加する四つの団体（日本科学者会議、日本教職員組合大学部、科学技術産業労働組合協議会、筑波研究学園都市研究機関労働組合協議会）が共同で、「日本の科学と軍事研究」と題したシンポジウムを東京で開催した。全国の二五大学、一四研究機関から、そこに所属する研究者や職員など合わせて八五名、一般参加者や報道関係者を含めると約一〇〇名が参加した。

物理学者の田中正がこのシンポジウムに招かれ、基調報告を行なった。その報告には、科学者京都会議の「声明」や、豊田利幸による同会議の解説からはうかがい知ることのできない、興味深い事実がいくつか含まれている。それらについて紹介するために、まずは時計の針を一年、前に戻そう。

第五回科学者京都会議が開催される前年の一九八三年、旧西ドイツのマインツで「東西の軍縮のための自然科学者の平和会議」が七月二日から二日間の日程で開催された。NATOの「二重決定」の方針（以降で説明）に従い、西ドイツではその年の年末にパーシングⅡ（弾道ミサイル）と巡航ミサイルが配備される予定になっていたことから、西ドイツの科学者一〇名が呼びかけたのである。

この当時ヨーロッパでは限定核戦争の危機が高まっていた。それは、次のような事情からである。[11]ソ連は、SALT　Iの許容範囲内で核戦力を増強し、アメリカに対し優位に立とうとした。そこで一九七六年からソ連領土内の欧州地区に新型の中距離核ミサイルSS－20の配備を開始する。SS－20は車載移動式で、射程が五〇〇〇～七五〇〇キロメートルであり、西欧諸国を射程に収める。しかし大西洋の向こうにある米国は射程に入らない。このことから西欧に危惧が生じた。かりに西欧がSS－20で攻撃されても、米国はソ連との核戦争を覚悟してまで戦略核でソ連に報復することはないのではないか、つまりNATOに対する米国の「核の傘」は機能しないのではないか、という危惧である。逆に言うと、ソ連はSS－20を配備することで、米国と欧州との切り離し（ディカップリング）を狙ったのである。

そこでNATOは一九七九年、のちに「二重決定」と呼ばれるようになる方針を打ち出した。NA

TOもソ連に対抗して中距離核戦力を近代的なもの（ソ連本土を攻撃可能なパーシングⅡ弾道ミサイルと、地上発射巡航ミサイルとで構成される）に置き換えるとともに、他方ではソ連との軍縮交渉も進めるという、いわば両面作戦の方針である。これはしかし、核使用の威嚇を前面に出すことでソ連の攻撃を抑止しようとするものであり、核戦争の危険をいっそう高めるものでもあった。

マインツでの会議開催は、こうした情勢のなかで呼びかけられた。「私たちは今わが国にとって重大な決定の前に立っている。わが国民の存在そのものが賭けられている。……科学者は態度決定を迫られている。そして核戦争の危険について多くの人々を啓蒙するのは、私たちの任務であると考える」。だから、科学者の「平和に対する責任」をテーマにした会議を開催しよう、と。

会議への参加者は三三〇〇人を超えた。そして宣言をまとめ、西ドイツの科学者二〇〇〇名以上の賛同を得た。その「マインツ宣言」は言う[12]。

軍拡競争を続けさせてはならないし、そうかといって適度の防御の用意を保証することまで放棄するわけにはゆかない。……こんにちまでの軍備管理政策は、攻撃的な軍拡競争の局面から直ちに軍備縮小に移行することが本来不可能であるがゆえに、失敗したのである。……マイクロ・エレクトロニックスの大きな進歩は、しかし、私たちの前に二つの選択肢を提示している。一つは、核戦争を〝実行可能〟なものにすることを続けることである。そうなれば私たちはまちがいなく核戦争に引きずりこまれることになるだろう。もう一つの道は〝構造的に攻撃能力を持たない状況〟をめざす相互の軍備改変——これは安定性を高める——にとっては、史上おそらくただ一度のチャンスを利用することである。

この第二の道、「軍備改変をとおして軍備縮小へ」を進もう、というのだ。「軍備改変」は、ドイツ語の Umrüstung（英語で reorientation of armaments）の訳語である。その意味するところは、自国の軍備を、相手国に対しては脅威（潜在的な脅威も含めて）にならず、それでいて自国の防衛はできるものに改変していく、ということである。当時アメリカが進めていたSDIが、相手側の攻撃を絶対的に阻止できる防御兵器を一方的かつ秘密裏に作ろうとするのに対し、軍備改変は、政治決断のもとで相互的に進めていくものだとされた。そして、こうした軍備改変によってこそ「軍拡のない恒常的安全保障」を達成することができる、と考えられていた。

マインツ宣言は「構造的に攻撃能力を持たない状況」を実現することが、マイクロ・エレクトロニクスの進歩のおかげで今や可能になったと言う。そしてドイツの科学者たちは現実に、軍関係研究所のスタッフと議論しつつ、通常兵器を用いた二重、三重の防御網で「構造的に攻撃能力を持たない状況」を作り出す具体策の考案に取りかかっていた。

（３）原則的主張に踏みとどまる

田中正によると、「マインツ宣言」の翌年に開かれた第五回科学者京都会議ではこの宣言が話題となり、ドイツの科学者たちが提唱する「軍備改変」をめぐってホットな議論が展開されたという。科学者京都会議で「軍備改変」の考えに接した田中は、ドイツでは科学者の集会で軍備のあり方が具体的な形で議論され、しかもその結果が最終宣言の中に盛り込まれるということ自体が、「日本のわれわれの常識では考えられないこと」で、大きな驚きだったと述べている。

しかも、これは第五回科学者京都会議が終わってから明らかになったことなのだが、田中が「ヨーロッパの良心的科学者」の一人と認め、客観的な調査研究で信頼されるストックホルム国際平和研究所の所長を務めたことがあるフランク・バーナビーの発言にも、同じような発想が現われているのだった。朝日新聞に掲載された「二一世紀へのメッセージ」というインタビュー記事の中で、バーナビーはこう述べていた。

いま人類に課せられている最も重大な課題の一つは、軍事力をいかにして、防衛的なものに封じ込めるか、である。攻撃には無力で、防衛には有効な軍事力の創造である。そうなれば、軍縮などさまざまな難題に解決の道が見いだされよう。しかも、それはいまや技術的には可能なのだ。[13]

「軍備改変」について科学者京都会議では、はたして科学技術の力で「軍備改変」の目ざすような状況をほんとうに実現できるのか、ミイラ取りがミイラになるのではないか、という問題が指摘された。田中によると、喧々がくがくの議論の末、「軍事研究開発が軍産官の巨大なシステムのもとで進められているおり、科学者が「軍備改変」のような際どい提案を有意義になしうるためには、少なくともその巨大なシステムに対抗できるカウンター・システムつまり民衆の輿論の強固な支持が必要不可欠である」、という方向に意見が収束していったという。

もうひとつ、日本の特殊な事情も話題にのぼった。日本には、風化現象が指摘されながらも被爆体験・平和憲法・非核三原則などがあり、輿論も軍事研究に批判的である。しかしヨーロッパでは東西の陣営が地続きで国境を接しており、安全保障についての輿論は現実的で厳しい。したがって科学者が現状について知らせ警鐘を鳴らすだけでは不十分で、「事態への解を提案することが求められている」。日本はドイツと情況が異なる。だから自分たちは、日本の「特殊性を最大限に生かして、軍事的研究・開発そのものを無くすという原則的主張をなすべきだ」という方向で意見がまとまっていったという。

こうした事情から、「軍備改変」をめぐってなされた議論は、科学者京都会議で最終的に発表された「声明」には何の痕跡も残していない。とはいえ、科学者京都会議で実際になされたであろう議論を田中の報告を通して垣間見ると、日本でも安全保障環境が変化したり、あるいは輿論が変化したときには、軍事的研究・開発に対する科学者の反応が変わるかもしれない、そうした予感がする。

3　宇宙の軍事利用

(1) 自衛隊の宇宙利用

日本の宇宙開発利用は、「平和の目的に限り」という条件でスタートした。ところが一九八〇年代に入ると、自衛隊の宇宙利用との関係で、「平和の目的に限り」の内実が国会でたびたび問題とされるようになった。具体的には、次のような利用がはたして平和利用＝非軍事利用の枠内におさまるのかが問題になった。

・NASDAの実験用静止通信衛星「さくら二号」「さくら三号」の提供する通信回線を自衛隊が利用すること
・米海軍の軍事通信衛星フリートサットからの情報を海上自衛隊が受信すること
・外国のリモート・センシング衛星からの画像を防衛庁が利用すること
・NASDAが資源探査衛星を打ち上げたり、将来的には偵察衛星を打ち上げること

たとえばフリートサットの利用をめぐって、以下のような議論が展開された。[14] 政府は防衛庁の一九八五年度予算に、アメリカの艦艇用通信衛星フリートサットからの情報を受信する装置を、海上自衛隊の護衛艦五隻に搭載するための経費、一億六八〇〇万円を盛り込んだ。一九八五年二月の衆議院予算委員会でこれが問題になる。野党議員（公明党）が、これは通信衛星を軍事行動の一環に用いよう

とするものであり、「宇宙の開発利用は平和の目的に限り行う」という国会決議に反するのではないかと指摘したのである。

これに対し加藤紘一（かとうこういち）防衛庁長官は次のような趣旨の答弁を行なう。「今や、通信衛星が、ＴＶの中継をはじめいろいろな分野で当たり前に一般的に利用される世の中になった。これだけ一般化、汎用化しているのだから、自衛隊が使っても、平和の目的に反するものではない」。後日、同趣旨の政府統一見解も発表された。

政府はその後の国会審議で、「一般化している」とは「利用の動機、目的を問わず、利用しようとする衛星の機能」が「軍事あるいは民間利用を問わず」広く用いられていることだとも述べる。そして偵察衛星についてもこの「一般化」という概念を用いて、中曽根康弘（なかそねやすひろ）首相がこう述べた。「偵察衛星の利用がまだ一般化している状況にあるとは言えない」現時点では、それを導入するつもりはない、と。これより先の一九八三年五月に参議院安全保障特別委員会で法制局長官が、宇宙開発事業団は偵察衛星を打ち上げることはできない、という趣旨の答弁をしてもいた。

（２）一般化理論が果たした役割

「一般化理論」というのは、要するに、科学技術の成果で民生分野において広く使われているものなら、軍事分野で用いても「科学技術の軍事利用」だと非難される謂われはないとするものである。

しかし、一般化していれば軍事利用にあたらないという理屈は、考えてみれば奇妙である。一般化理論は、宇宙の開発利用よりも先に原子力利用をめぐって用いられ、一九七一年に国会でこんな質疑応答が交わされた[15]。

衆議院議員の近江巳記夫（おうみみきお）（公明党）が質問した。原子力基本法の第二条に、「原子力の研究、開発及び利用は、平和の目的に限り」と規定されている。これによれば、原子力を自衛隊の艦船に用いることは禁止されていると思うが、政府の見解はどうか、と。

これに対し西田信一（にしだしんいち）科学技術庁長官をはじめ政府側は答えた。原子力を殺傷力や破壊力をもつ兵器として利用することはもちろんできないし、原子力を船舶の推進力として利用することが一般化していない現時点においては、それもできない。ただし、船舶用の原子炉が一般化して「どの商船にも載り、こういうものがいまの油のタービンと同じように世の中に普及してしまったということで、一般化した」ならば、自衛艦に原子力を使っても軍事利用にはあたらない。

しかし近江議員は納得しなかった。火薬は土木工事などに利用され、すでに使用が一般化している。しかし火薬で爆弾を作ることは軍事利用であろう。「つまり軍事利用、非軍事利用を分けるものはその使用目的であって、その状況ではないということになるのではないか」。

科学技術庁原子力局長の梅澤邦臣（うめざわくにおみ）が答えた。「極端に申し上げますと」と断わりながら、ジープは軍でも使っているし、われわれも使っている、こういうのが「一般化」だと。

一杯食わされた形の近江は、「いずれにしても両刃のやいばになるわけです。……あくまでも国民の願いというのは原子力基本法に定めてあるように平和利用なんです」と述べて、鉾を収めた。

しかし一九八五年になると、一般化理論の奇妙さを、先の近江議員とは逆の視点から浮きぼりにする議員が登場する[16]。衆議院予算委員会で民社党の議員が「兵器というものはそれが一般化してからそれぞれの国が兵器に採用するのではなくて、その性能が極めて優れておるならば一般化しないうちに兵器に採用せられる例のほうが」普通ではないのかと問い、共産党の議員が「一般化していない先端技術を使ってこそ防衛には役立つ」という議論だって出てくるだろうと指摘するのである。

こうしてみると、一般化理論というのはいわば苦肉の策だったのだと思われる。一方には、国会決議における「平和の目的に限り」を楯に、自衛隊による宇宙利用を抑止しようとする人たちがおり、他方には、自衛隊の宇宙利用にできる限り道を開きたいという人たちがいる。その両者の間で折り合いを付けるために考え出されたのが一般化理論だった。自衛隊による宇宙の利用に関し、一方では、民生分野で一般化していないものは利用できないとすることで「軍事利用を禁止」し、他方では、民生分野で一般化しているものは利用できるとすることで「軍事利用を是認」したのである。

宇宙の軍事利用に反対する人々にとっても、一般化理論は「平和の目的に限り」という国会決議を放棄するものではないという意味で、それなりに受け入れ可能であっただろう。他方、自衛隊にとっても一般化理論は、アメリカやソ連など宇宙の軍事利用を早くから進めてきた国々に、まずはキャッチアップすることができるという意味で、少なくとも当面はそれなりに満足できるものであっただろう。いわば「名を捨て実を取る」ことができたのである。

4　大学人や研究者の声明・宣言

（1）名古屋大学平和憲章

一九八七年二月五日、名古屋大学で「平和憲章」が制定された。前年の一一月に全学集会を開いて文言を確定させた「平和憲章」について、大学の全構成員（非常勤職員や学生、生協職員なども含む）に批准署名を働きかけ、過半数を超える五八％から署名を得たのである。教職員の八割近くが署名し、学部長も一人を除いて署名した。飯島宗一学長は「大学の機関決定ではない」としながらも、「大学構成員の意思の表れ。管理・運営のうえで、念頭に置いて進めていく」と語った。[17]

「憲章」は、前文につづいて五つの項目を掲げ、それらを「あらゆる営み［を行なうとき］の生きてはたらく規範」として確認し、「誠実に実行することを誓う」としている。[18]

五項目の一つ目は、平和な未来の建設に貢献できるような研究や教育を進める、というものである。そして二つ目では、「いかなる理由であれ、戦争を目的とする学問研究と教育には従わない」という。そのための具体的指針として、「国の内外を問わず、軍関係機関およびこれら機関に所属する者との共同研究をおこなわず、これら機関からの研究資金を受け入れない。また、軍関係機関に所属する者の教育はおこなわない」とした。

三つ目では、社会との協力のあり方について、三つの原則を述べる。学問研究が「ときの権力や特殊利益の圧力によって曲げられ」ることのないよう、「研究の自主性を尊重し、学問研究をその内的必然性にもとづいておこなう」。また研究成果が正しく利用されるようにするため「学問研究と教育をそのあらゆる段階で公開する」。さらに、相互に批判しあうことができるよう「民主的な体制を形成する」。いわゆる、自主・公開・民主の三原則である。

つづく二つの項目では、地域連携や国際協力に努めることと、全構成員による自治の原則を発展させることを謳う。

構成員のうち署名した者の割合を学部別に見てみると興味深い事実が見えてくる。工学部での署名者の割合が、教職員は五八・〇％（全体平均七八・八％、以下同様）、大学院生は五五・一％（六七・二％）、学部学生は二八・八％（四三・七％）と、いずれの階層においても、すべての学部や研究所などのなかで最も少ないのである。要因は何だろうか。確たることはわからないが、次の事実がヒントになるかもしれない。憲章が制定される過程を、その推進者の立場からまとめた記録『平和への学問の道』に記されている事実である。

憲章は「構成員に対してその順守が強制されるものではない」、「大学づくりの運動をつうじて……実効性を不断に高めつづけて」いくものだ、平和憲章の制定を進めた人たちはこう考えていた。しかし「とくに、工学部の若手の研究者たち」の間に、次のような意見が多かったと同書はいう。「そんなものなら制定しても無意味だ。どうせ守られないにきまっている」、「空文になることは目にみえているじゃないか」。

こうした発言は、「だから強制力を持ったものにすべきだ」というのでなく、「どうせ守られない」に力点を置いた、いわば冷めた発言なのではなかろうか。工学部は産学連携が最も進んでいた学部であろうし、軍関係機関と接触を持つ機会も少なからずあったであろう。

同書はこんな例も紹介している。署名を求めて教官を訪ねると、憲章をめぐり討論や対話が起きる。「戦争との関係が深いところほど、その討論や対話はまさに真剣そのものとなる」。署名しない教官たちの中には、「軍事利用につうずる研究をすすめていることを告白せざるを得なかった」者もいた。前後の文脈から、工学部の航空学科でのことと思われる。また、工学部で、それも学部学生の署名率が低かったことについて、工学部では「中京地区の防衛関連企業に就職する学生が少なくなく、第二項の規定に必ずしも賛同しない学生がいるという」と報ずる新聞もあった[19]。

工学部の研究者ではないが、こう漏らす者もいた。自分の参加している国際的な研究プロジェクトにNATOから資金が出ているので署名できない、でも憲章には賛成だから周りの人から署名をたくさん集める、と。また、NASAと共同研究を進めているのだが、憲章に批准署名するとそれを止めなければならなくなる、批准ではなく賛同の署名では駄目か、という研究者もいた。これらも、『平和への学問の道』に紹介されている事例である。

こうしてみると、「軍事利用につうずる研究」や軍関係機関からの資金による研究が、すでに大学内にじわりと浸透していたものと思われる。

平和憲章が制定される少し前、一九八二年の四月に、名古屋大学の教養部などの教官有志九四名が

「若い諸君へ訴える」という文書を作成したことがある。そこにこんな文章がある。「すでに国内各分野の産業において、軍事技術の研究、兵器の開発および生産が進んでいると伝えられている。このような状況の進行を許せば、若い有為の人材の多くがその中に取り込まれ、わが国は産軍複合体に主導される軍事国家となるに違いない」。大学の外、産業界では、軍事研究が行なわれ兵器の開発生産も行なわれていることを、大学教員も認めていたのである。

こうした現状を前に、憲章の制定を進める人たちは言う。[20]

研究者たちの誠実さを信じたい。〝魔女狩り〟でもなく〝強制〟によるのでもなく、大学人の良心と誠実さと自覚が、平和憲章を「生きてはたらく規範」にしていくのだからである。

平和憲章を理念として、達成すべき目標として掲げる、ということであろう。

(2) 平和憲章の背景

名古屋大学において「平和憲章」が制定されたのは一九八七年二月であるが、その発端は四年ほど前に遡る。教養部の学生自治会の役員たちが、一九八三年五月に開催される学生大会で「名大平和憲章草案」を決議し、それを大学全体に広げていこうとしたのである。各地の自治体が非核宣言を出していることにヒントを得たのだった。

一九八〇年代のはじめは、核戦争への危機が世界的に高まった時期である。ヨーロッパでは、本章の第2節で述べたように、米国製の最新ミサイル（パーシングⅡと地上発射巡航ミサイル）の配備が一九八三年から始まって、限定核戦争への危惧が高まった。そのため欧州各地で、反核運動が高まりを見せる。大規模なデモが頻発したほか、非核都市（非核自治体）を宣言する自治体も相次いだ。他方アメリカでも、一九八一年一月に大統領に就任したロナルド・レーガンが核兵器増強計画を発表して以降、反核運動が高まった。一九八二年六月の第二回国連軍縮特別総会に合わせたデモは、ベトナム反戦デモ以来の規模となり、「核凍結」を問う住民投票を全米各地で行なうことなどを訴えた。そして日本でも「非核都市宣言」が広がり始めていた。

名古屋大学の学生たちの試みは、しかしながら失敗に終わった。学生大会への出席者が定足数に達せず、大会が成立しなかったのである。その後、教職員の組合が学生たちの運動を引き継いだ。一九八四年から八六年にかけ、講演会やシンポジウムを開催したり、学生たちにクラス討論を促したりの末、八六年の六月に平和憲章起草委員会（学長を顧問とし、文系・理系の学部長三名、女性代表、生協理事長、代表委員四名）を設置して、具体的な文章にまとめていった。

このように、名古屋大学で平和憲章が誕生する背景には、核軍備競争に対する危惧が世界的に高まっていたという事情がある。それだけに、憲章の類いを制定する動きは名古屋大学以外にも広まっていった。一九八七年四月に、通産省電子技術総合研究所の研究者たちが、国立研究機関としては初めて、軍事研究に反対する平和宣言を出した。その後、山梨大学、茨城大学、小樽商科大学、新潟大学、地質調査所、気象研究所、農林省関係九研究所などでも、構成員の自主的な運動による「平和宣言」や「非核宣言」が発表された。

軍事研究に反対する宣言がこの時期にたくさん出された背景には、アメリカがＳＤＩ計画を開始したという事情もあった。

（3）戦略防衛構想

一九八三年三月、ロナルド・レーガン大統領がテレビ演説で、ソ連の発射する弾道ミサイルを発射後まもない段階（ブースト段階など）で確実に迎撃するという構想を打ち出し、そのための研究開発を進めると宣言した。やがて「戦略防衛構想」（通称「スター・ウォーズ計画」）と呼ばれるものの始まりであった。

一九八四年、国防総省内に戦略防衛構想局（ＳＤＩＯ）が設置され、具体的な計画が練られる。そして、敵の大陸間弾道弾（ＩＣＢＭ）本体あるいは、そこから切り離されて飛んでくる「バス」（一つないし複数の「再突入体」のほか、おとり、チャフと呼ばれる電波妨害用金属片などを搭載）、ないしは「バス」から出て大気圏に落下してくる「再突入体」（核弾頭と誘導装置を搭載）を迎撃する兵器の研究開発が始まった。光子（レーザー・ビーム）や物質粒子（中性粒子ビーム）で物理的な衝撃を与えて落とす指向性エネルギー兵器（ＤＥＷ）や、衝突時の運動エネルギーで標的を破壊する運動エネルギー兵器（ＫＥＷ）などである。

一九八五年一月、ロサンゼルスで行なわれたレーガン大統領と中曽根首相との会談、またシュルツ国務長官と安倍晋太郎外相との会談で、ＳＤＩについてアメリカ側から説明があった。このとき日本側は、「研究に対しては理解を示した」うえで、今後についてはさらに協議したいとの対応をとった。[21]その後三月末になって、アメリカのワインバーガー国防長官からＳＤＩへの参加を招請する書簡が届く。これを承けて政府は、同じく参加を招請された英独仏がどう対応するか様子をみながら、「米国との政治・経済面での緊張を緩和し、日米連帯を示す象徴としてＳＤＩを活用」していこうとする。[22]

四月に入ると、国防総省の専門家が来日し、エレクトロニクス分野を中心に日本の技術力を調査した。[23]日本の技術をＳＤＩに応用できるかどうかを確認することが目的であった。国防総省は、正確な情報通信や、大容量の情報伝送、大陸間弾道弾を破壊するレーザー技術に関心を寄せる。六月半ばには、「対米武器技術供与」の枠内で、ミサイル追尾誘導技術（画像により目標を識別して追尾する技術）の供与について強い要請があった。そして一〇月には、技術を供与するための細目について、国防総省との間で合意が成立する。

一九八六年九月、閣議決定で、ＳＤＩに日本も参加する方針を決めた。その過程で、「宇宙開発は平和目的に限る」という一九六九年の国会決議との整合性が問題になったが、ＳＤＩはアメリカが主体となる研究であり、かつ防御的なものだから問題ない、という論理を展開した。[24]その後政府は、西ドイツにならい、民間企業が政府間取り決めに従ってＳＤＩに参加するという方向でアメリカと交渉を進め、一九八七年七月に協定を結んだ。

(4) 科学者たちの反対

日本がＳＤＩに参加することに対し、科学者の間から反対の声があがった。早くも一九八五年一一月に、数学者の有志が、「平和を希求し、アメリカのＳＤＩ、および日本がそれに協力することに反対する日本の数学者の声明」を、六一四名の署名とともに山崎拓内閣官房副長官に手渡した。「もし日本がＳＤＩにまきこまれるようになれば、われわれ日本の科学者は日米協力というかたちで軍事的研究・開発に加わることを余儀なくされるであろう。そうなれば日本国憲法の形骸化はさらに進むことになろう」という趣旨の声明であった[25]。

物理学者たちも一九八六年秋までに、ＳＤＩに反対する声明に二〇〇〇名を超える署名を集めた。「ＳＤＩに反対する天文学研究者の声明」にも、天文学研究者たちの四分の三ほどが署名した。「光・赤外や電波の望遠鏡など地上の観測装置も、新しい電子技術を大幅に導入しなければなりませんが、こうした先端技術が軍事目的の下に統制されかねないことを深く憂慮します」など、天文学研究者ならではの内容を含む反対声明であった。現実に、ＳＤＩ関係組織とＮＡＳＡとが主宰するサブミリ波研究の提案が野辺山の電波天文台にあった。しかし、「とても魅力的なオファーだったが、台内で議論し、反対することにした」という[26]。

筑波研究学園都市を中心とする国立研究機関の職員三五〇六名が署名した、ＳＤＩに反対する声明も発表された（一九八六年八月）。「ＳＤＩ研究は明確に軍事研究であり、これに参加すれば米‐西独間秘密協定にみられるように研究成果公開の原則が大きく制限され、科学者の社会的責任が果たせない」など、六項目の反対理由を挙げていた。工業技術院には「基礎軍事技術として米国防総省が食指を動かしている研究テーマが目白押しであって、今反対表明をしなければ容易に軍事研究に巻き込まれてしまいます」という危機感に駆られての反対声明であった[27]。

もちろん、アメリカ本国でも、少なからぬ科学者たちがSDIに反対していた。イリノイ大学とコーネル大学の物理学者が「SDI反対誓約」を起草し、全米の大学理工系学部の研究者に署名を呼びかけた。SDIでソ連のミサイル攻撃からアメリカ国民を守ることは技術的に不可能であり、かえって軍拡競争を強めるだけである、だから「科学や技術の研究・開発を実際行なっているわれわれは、SDI資金を請いもしないし、受け取ることもしないことを誓約する」などという内容だった。一年あまりの期間に五九大学の教職員三七〇〇名、大学院生二八〇〇名が署名した。

またアメリカ物理学会は、一七名の専門家からなる研究グループを一九八三年一一月に発足させ、SDIの目玉ともいうべき「指向性エネルギー兵器」(DEW)の実現可能性を三年かけて科学的・技術的に徹底検証した。その結論は、DEWを実現するための技術的課題を解決するには「一〇年あるいはそれ以上の集中的研究」が必要であるなど、SDI計画にはきわめて問題が多い、というものであった。アメリカ物理学会はこの検討結果を、同学会の雑誌『レビューズ・オブ・モダン・フィジックス』一九八七年七月号の全ページ(二〇〇頁あまり)を割いて、政府筋が強い難色を示したにもかかわらずその圧力をはね飛ばして公表した。

その一方で、民生分野の研究費が減って国防関係の研究費が増え、なかでもSDI関係の伸びが著しいため、民生分野で研究費を削られた研究者が、研究費獲得のためにSDI関係に駆け込むという現象も起きていた。また、国際光電子工学会議などSDIに関係しそうなハイテク分野の学会で、国防総省が東側諸国への情報流出を理由に、発表や参加者に制限を加えるという事例も増えつつあった。(28)

なおSDIはその後、規模や内容が下方修正され、短距離および中距離ミサイルを迎撃する「戦域ミサイル防衛」や「本土ミサイル防衛」に置き換わっていった。冷戦が終焉して地域紛争でミサイル攻撃が頻発するようになったことや、SDIにおける技術上の困難、財政事情の悪化などがその背景にあった。

(5) 日本学術会議の変化

一九八三年一一月「日本学術会議法の一部を改正する法律案」が国会で成立し、学術会議は一九八五年七月から大きく改変されて再出発した。会員選出の方法が、創設以来の公選制（科学者による直接選挙）から推薦制に変わったのである。

推薦制による選出は二段階で行なわれる。まず学会や協会が候補者を選ぶ。学会・協会はこれとは別に選挙人（推薦人）も指名する。そして選挙人（推薦人）が学問分野別に（関連する研究連絡委員会ごとに）集まって、候補者として名前の挙がっている者の中から会員を選出する。これは学術会議が自ら言うように、創設以来「三五年余にわたる日本学術会議史上における最大の事件」であり、学術会議の目的や、職務、権限などがこれまでどおりだとはいえ、「質的に異った新しい存在になったと

云ってもよい」変化であった。(29)

この改変は、「多年にわたる政府・自民党の学術会議改革志向がついに実現したものと見るべき」であった。政府は、学術会議が創設されて間もない頃から、学術会議のあり方に不満を抱いていたからである。その理由について学術会議は、「講和問題、警職法、破防法、原子力、社会主義諸国との学術交流問題、大学管理法案などで本会議がしばしば政府と異なる立場をとったことから、本会議のあり方を快しとしなくなったためといわれている」と述べている。

学術会議自体も、創設以来、組織や運営の改革を試みていた。しかし会員選挙制度などには踏み込むことができないでいた。その背景には、「法改正を必要とする組織改革案を作成すると、それが政府・与党によって「つまみ食い」され、「悪しき法改正」が行われる危険があるとする危惧がかなり広範な会員の中に潜在していた」という事情があったとされている。

学術会議は、全面的な推薦制に強く反対した。直接選挙がなくなれば「科学者個人の〔学術会議に対する〕関心が後退し、会員も所属学・協会に責任を負うために広く日本の科学者に対し責任を負えなくなるおそれがある」などが反対の理由であった。しかし結局は、全面的な推薦制を基礎とし、その推薦を二段階にするなど一部では学術会議の意見を採用した改正法案が国会に提出され、それが成立したのであった。

5　生物戦にかかわる研究か

（1）問題の浮上

「北大助手、米軍施設で研究／細菌戦の〝総本山〟／旧日本軍が人体実験　出血熱テーマに」。一九八九年一二月二二日の新聞社会面に、こんな見出しが大きく踊った。北海道大学獣医学部の助手が一九八六年八月から二年間、アメリカ陸軍の生物兵器の研究拠点である感染症医学研究所に出張し、腎症候性出血熱ウイルスについて同研究所の研究者と協同研究していたというのである。獣医学部の教授会で承認を得ての出張であり、費用は米軍からでなく全米研究評議会（ＮＲＣ）から提供された、と報道された。

腎症候性出血熱とは、突然の高熱と、出血傾向（顔面の紅潮、結膜の充血、広範な皮膚での点状出血）、腎障害を主な症状とする、ウイルスに起因する病気である。極東アジアから北欧にかけてのユーラシア大陸北部で地方病のごとくに発生することから存在が知られるようになった。透析など適切な対症療法を行なうと三週間から三ヶ月で完全に回復し致死率は五％以下となるが、治療をしない場合の致死率は一五％に達するという病気だった。

さきの新聞記事には、日本学術会議会長の近藤次郎（こんどうじろう）（東京大学名誉教授）が次のようなコメントを寄せていた。基礎研究でも使い方によっては軍事利用も可能で、内容によって一線を引くのは難しい。

その意味で、今回の研究が軍の施設で行なわれたとすれば、慎重さが欠けていたのではないか。学術会議の声明は今でも生きているし、軍と協力関係を持たないという慣例がある東大なら、教授会の承認は得られなかっただろう。この点、北大側の考え方が甘く、慎重な配慮が必要だったと思う。

わが国でこれまで問題になった軍事研究は、研究費の出処が軍だから、というものがほとんどだった。それに対し今回は、研究の場所が問題となった。軍に関係する研究機関で行なう研究でも軍事研究でない場合がありうるか、という論点が新たに加わったと言えよう。

新聞記事には当の助手のコメントも載った。アメリカの研究機関への留学では、大なり小なり軍との関係は避けられない。両刃の剣とはいえ、病気を治したいという研究者の良心があれば構わないと思う。研究成果を発表しており、それが良心の表現だ。このような趣旨であった。

二二日の新聞夕刊には獣医学部長のコメントも載った。獣医学部では、助手から数ヶ月おきに届く研究の中間報告により「研究が軍事目的かどうかを実質的にチェックし続けていた」、だから問題はなかった。ただ、助手の出張を教授会で認める際に、出張先が軍の機関であることをふまえた議論を十分にしなかった。その点を反省し、軍との協同研究についてのガイドラインを作成することにした。(30)

(2) 独自のガイドライン

そのガイドラインと、軍事目的の研究はしないという日本学術会議の声明との関係について、獣医学部長はこう述べた。日本学術会議の「声明の趣旨は尊重するが、声明が出されたのは一九六七年で、産学や軍学共同に厳しい批判があった大学紛争の影響を受けており、現在では声明をそのまま適用できない」、「声明を理由に留学をストップさせる方が、形式主義と批判され、平和利用からもマイナスになる」。

学部長は「大学紛争の影響を受けており」と述べているが、正確には大学紛争の影響でなく、（ベトナム戦争の深刻化を受けての）反戦気運の高まりであろう。また、なぜか日本学術会議の一九五〇年の声明には言及がない。

獣医学部が作成するガイドラインには、研究の公開性、有用性、他の研究機関では代替できない唯一性が盛り込まれることになるだろう、ただ判定作業に第三者を入れるか、判定内容を公開するかなどについては学部内で異論がある、と新聞は報道した。当時学内で配布された文書のなかには、ガイドラインに盛り込まれた条件は先述の三つだけでなく「緊急性」も含まれている、と記したものもある(31)。

しかし教職員組合が「軍学協同に反対する声明」を発表し、ガイドラインを批判した。ガイドラインは、軍事施設への研究者の派遣を前提にした「承認判断基準」であり、軍学協同に堂々と道を開くものだ、今ほんとうに必要なのは、軍学協同がなされないようチェックする仕組みだ、というのである。ガイドラインは実際に作成されたのであろう。しかし公式に発表された様子はない。翌年の一月に伴義雄（ばんよしお）学長も「公式には一度も聞いていない」と発言している。「公式には」という限定がついているので、獣医学部でいったん作成したガイドラインが、「再び軍施設で研究が行なわれることのないよう学内に周知徹底していく」という「学長見解」（一九九〇年一月一七日に記者会見で発表）の方針に従い、撤回されたのかもしれない。

（3）外形的な区別は困難との認識

伴義雄学長は、すでに発表された論文を見たところ「内容的には軍事研究でなかった」、「だれが見ても分かる兵器を作るというものではないという意味で軍事研究に当たらない」と述べた。助手が陸軍感染症医学研究所で行なった研究は、一九八九年から九〇年にかけ、三編の共著論文として発表された。それらのうち一九八九年の年末までに公刊されていた二編を読んで、このように判断したのであろう。軍事研究と非軍事研究を研究の内容から区別することが難しいだけに、これまでは研究費の出処や、研究者の所属先など、外形的規準で区別することが行なわれてきた。それに対し学長は今回、研究の内容に踏み込んで判断したわけである。

しかし学長のこの判断には次のような批判が出た。学長は論文を「一切の諸条件から切り離して…、拙速に、軍事研究に当たらないと断定」してしまっている、そもそも軍の施設で行なわれた研究である以上、その全容が論文として発表されるとは限らないではないか。それに軍は、「純学問的研究のために」施設を提供するほど「お人好しではない」というのである。

その一方で、外形的な区別の重要性を指摘する声もあった。生物学分野の基礎研究者が言う。「戦争も自然法則に則って遂行しないと負けてしまう」。だから科学の成果は、どんな基礎的分野のものでも、戦争のために利用されることがある。どんな基礎研究も軍事研究になりうるのであり、これは軍事研究、これは非軍事研究と分けることはできない。

その研究者は次のような例をあげる。発生学や内分泌学の分野で、アフリカツメガエルのオタマジャクシが実験材料としてよく用いられる。かつてアメリカ海軍が、そのオタマジャクシの泳ぎ方を研究することに対し研究資金を提供したことがある。どう泳ごうが軍事研究と全く関係ないように思われるが、じつは潜水艦の姿勢制御の研究の一環だった。

では、軍事研究と非軍事研究に違いがなく、両者を区別できないとしたら、どうすればいいのか。「答は極めて簡単」だとその生物学者は言う。「人間として、研究者として、大学としてやっていけないことは何か」、それは軍の施設で研究しないことと、軍からお金を貰わないことだ。これが「二度と戦争を起こすまい、戦争には協力すまいという日本人の最低限のモラルとして定着してきた大原則である」。

これまでは、外形的規準で判断できるというニュアンスで語られてきたが、ここに来て、せめて外形的規準で、というニュアンスが出ているように思われる。

（4）生物兵器への関心の高まり

東京大学の総長だった茅誠司がかつて、ある研究が軍事研究かどうかの判断は世界情勢も含めて総合的になされるべきだと語ったことがあった。東大で造兵学科の問題が起きた時のことである。その

「世界情勢」には、反戦運動が高まっているなど世論の動向ももちろん含まれるだろうが、国際関係における現実の情勢も重要である。現に戦争が起きている、あるいは起きそうな切迫した状況なのかどうか、各種の兵器に関しその使用や製造を制限するような国際条約が締結されているかどうか、そらら条約が誠実に守られているかどうか、などである。

では今回の、北大獣医学部の助手が行なった研究を当時一九八〇年代の世界情勢のなかに置いてみたとき、軍事研究（今回の場合は生物兵器に関わる研究）だと判断される可能性はなかったのだろうか。生物兵器をめぐる世界情勢、とくにアメリカ陸軍をとりまく情勢はどんな具合だったのだろうか。

アメリカは、一九六九年一一月にリチャード・ニクソン大統領が生物兵器の放棄を宣言し、翌年二月には毒素兵器の放棄も決定した。そして一九七一年の第二六回国連総会決議で「生物兵器禁止条約」（正式名称は「細菌兵器（生物兵器）及び毒素兵器の開発、生産及び貯蔵の禁止並びに廃棄に関する条約」）が採択されると、翌年に署名した。しかし生物兵器を完全に放棄したわけではなかった。

生物兵器禁止条約の第一条は、微生物剤や毒素を「研究」すること、あるいは「防衛目的」で開発したり保有したりすることを禁止していないと解釈することができた。少なくともアメリカはそう解釈し、「防衛のため」の範囲内で生物兵器の研究・開発・生産を続けていた。そしてアメリカのメディアや世論も、こうした対応を支持していた。

その背景として、少なくとも二つのことが挙げられる。一つは、ソ連が毒素兵器を使用しているとの疑惑が持ち上がっていたことである。東南アジア（ラオスとカンボジア）とアフガニスタンでソ連とその同盟国が、ソ連製毒素兵器を反政府勢力に対して使用していると、ヘイグ国務長官が一九八一年九月に発表していた。タイへ逃れた難民たちが、「黄色い雨」が降ったあと身体に変調を来たしたと証言したことなどから、「黄色い雨」事件と言われるようになったものである。

もう一つは、ソ連が、生物兵器禁止条約に署名していながら生物兵器の開発・製造を続けている、しかも遺伝子組み換え技術を駆使することで新種の極めて強力な生物兵器を開発しているに違いない、とアメリカ側が考えていたことである。アメリカはそれゆえ、自国の兵や国民を守るために自らも遺伝子組み換え技術をフルに活用して、そうした生物兵器に対抗するためのワクチンを開発・製造する必要があると主張した。そのための研究拠点が、フォート・デトリック内の陸軍感染症医学研究所だった。

アメリカのメディアや世論は、防衛のために生物剤あるいは生物兵器の研究開発を続けるという政府の対応を基本的に支持していた。とはいえそうした研究開発を、国防総省が中心になって進めていることに対して警戒の目を向ける意見もあった。たとえば、雑誌『ネイション』の一九八三年一二月一〇日号で記者チャールズ・ピラーが次のように指摘していた。[32]

〔国防総省の〕研究が、すべからく防衛のためであるなら――そして、今日の社会情勢においては、生物化学兵器による攻撃に対する何らかの防衛措置がたしかに必要である――、すべての研究をＮＩＨの直接的な監督下に置くことが、研究を防衛目的に限り、研究の質を維持し、国防総省の危うい手が及ばないようにする、第一歩ではないだろうか。

ピラーがこう提言したのは、国防総省のもとで行なわれている研究のほんとうにすべてが防衛目的なのか疑念を抱かざるを得ないという事実に、取材の過程で少なからず遭遇したからである。国防総省のもとで行なわれている研究のなかには、遺伝子組み換え技術を用いた研究が従うべきＮＩＨのガイドラインに従っていないものがあったり、研究活動がすべて年次報告書に掲載されているわけではない、などの事実である。

やがてピラーと同じような考えから、生物兵器による攻撃から防衛するための研究予算はその全額を国防総省でなく国立衛生研究所（ＮＩＨ）に対し割り当てるべきだという主張も出てくる。そしてそうした趣旨の法案が何度か議会に提出される。だが国防総省などの反対で否決され続けた[33]。

このように一九八〇年代には、フォート・デトリックの陸軍感染症医学研究所で、微生物剤や毒素に関する防衛目的の軍事研究が行なわれていることは公知の事実であった。そしてメディアや議会では、そうした研究がほんとうに防衛目的の範囲を越えていないのかとの疑念が示され、防衛目的の範囲内に収めるための具体的方策を講ずべきだとの議論も出ていた。

北海道大学の獣医学部が、研究者をその陸軍感染症医学研究所に派遣することの是非を、「世界情勢」も含めて総合的に判断しようとするなら、右に述べたような情況を考慮に入れる必要があったはずである。しかし北大の獣医学部に、「世界情勢」について情報を入手し、それらを総合的に判断できるような体制があったのだろうか。そもそも、こうした総合的で高度な判断を、科学研究の現場の人々に委ねることが適切なのだろうか。この種の問題に特化した専門家集団の力が必要だったのではなかろうか。

(5)助手にとっての研究目的

ここで話題にしている北大獣医学部の助手は、一九八〇年代の初めから腎症候性出血熱の研究に取り組んでいた。彼はいったい、どういうわけで腎症候性出血熱を研究するようになったのだろうか、また何を目的にアメリカの陸軍感染症医学研究所に出かけて行ったのだろうか。

腎症候性出血熱は、当初は、森林や原野などで仕事をする人たち（農民や、森林作業者、兵士など）に多発していた[34]。自然界に生息する野生の齧歯類（セスジネズミなど）が原因ウイルスを保有して流行巣を形成し、そこに進入した人々の間に感染を広めたのである。そして、たとえば中国では、一九三〇年代に東北部（旧満洲）で最初の流行が見られたあと、次第に黄河以南の地域へも流行が拡がり、一九八〇年には二三の省で三万人あまりが罹患し、六・四％が死に至るという状況だった。

他方では、家に住むネズミ（ドブネズミや野ネズミなど）を介して流行する、都市型の腎症候性出血熱も見られるようになっていた。一九七七年から七九年にかけソウル市内で散発的流行が見られたほか、一九六〇年から約一〇年間、大阪の梅田駅周辺の住宅密集地区でも流行し、一一九名の患者が発生して二名が死亡した。

また一九七〇年代以降、日本をはじめベルギーやイギリス、フランスなどで、医学研究機関などに設置されている実験動物施設で、実験用に飼育しているラットから腎症候性出血熱に感染するという事例が出るようになっていた。日本では一九七〇年から八四年までに全国二一の機関で一二六名の患者が発生し、うち一名が死亡した。

実験施設での流行は、ラットの感染を確認する方法が確立されたおかげで、流行を抑え込むことに成功した。しかし都市型のほうは油断できない状況にあった。患者の発生が全く報告されていない地域や国でも、港湾地区などで抗体陽性のドブネズミや野ネズミが発見されるようになっていたのである。ウイルスを持ったドブネズミが、流行地から船舶などによって運ばれてきた可能性が高いと考えられ、「世界流行さえ懸念」される状況であった。対策に必要な基礎研究が求められていたのである。

腎症候性出血熱の研究には、日本はもちろん、韓国や中国のほか、ヨーロッパやアメリカの研究者も精力的に取り組んでいた。陸軍感染症医学研究所のシュマルジョンもその一人で、彼はウイルスの核酸を遺伝学的に解析することに力を入れていた。獣医学部の助手がシュマルジョンのところに行ったのは、そうしたアプローチを修得する意図もあってのことと思われる。

(6) 七三一部隊との関係

しかし助手の研究意図とは別に、腎症候性出血熱の研究は不幸な出自を持っていた。この病気の研究を最初期に手がけたのが、あの七三一部隊の医師たちだったのである。

旧満洲（中国東北部）に駐屯していた日本軍兵士の間に、一九三八年以降、出血傾向と腎症状をともなう激烈な急性の熱性疾患が発生した。当時は原因もわからず、発生地の名前をとって、孫呉熱、虎林熱、二道崗熱などと呼ばれていた。一九四一年の報告によると、当時満洲に出兵していた約一〇〇万の将兵の一％近くが罹患し、致死率は三〇％にも達していた。その後一九四二年に関東軍の医師たちが、これらは同一の流行性疾患であることを確かめ、流行性出血熱という名を与えた。さらに七三一部隊の北野政次（きたのまさじ）と笠原四郎（かさはらしろう）は、この病気の病原体が「濾過性の病毒」（ウイルス）であり、マンシュウセスジネズミを病原巣動物、トゲダニをベクターとして伝播することも明らかにした。わが国における腎症候性出血熱の研究は、このようにして始まったのである。

七三一部隊については、一九八一年に森村誠一（もりむらせいいち）のノンフィクション『悪魔の飽食』が世に出て、人体実験のことも含めて多くの人々に知られ始めていた。敗戦後、石井四郎らがＧＨＱ（連合国最高司令部）と取引して、部隊の全データを提供することと引き換えに全員が戦争犯罪を免責されたこと、そのデータの行き先がアメリカ陸軍の生物兵器研究施設フォート・デトリックだったことも明らかにされつつあった。[35]

このようにして、腎症候性出血熱の研究には「おぞましい軍事研究」という影がまといついていたのである。さらに、朝鮮戦争のときに国連軍（米軍）兵士の間にこの病気が流行し、一九五一年から五四年までの患者数が三〇〇〇名以上、致死率が五〜一〇％にのぼったという事実も、この病気が戦争と結びついているイメージを強めたかもしれない。

獣医学部の助手の件を毎日新聞がはじめて報じた四日後、こんどは北海道新聞が「帯畜大教授も米軍施設留学／北大助教授時代／陸軍研に一年間」と報じた。帯広畜産大学の教授が一九八六年九月から一年間、米陸軍ウォルターリード研究所に招かれ、「副腎髄質細胞からのムスカリン受容体刺激によるカテコーラミン放出に関する研究」に従事していたというのである。しかしこちらのほうよりも、助手による研究のほうが議論の的になることが多かった。この事実も、腎症候性出血熱と旧陸軍の軍事研究との関連が大きく影を落としているという推測を裏づけてくれる。

（7）予防衛生研究所の移転問題とも関連

獣医学部の助手の件が、アメリカから戻って二年後になって新聞で報道され問題化した背景には、もう一つ事情があった。この時期、国立予防衛生研究所（現在は国立感染症研究所）の移転をめぐって紛争が起きていたのである。

国立予防衛生研究所（以下、予研と略記）は、一九四七年に当時の東京大学附属伝染病研究所の庁舎内に設立された、厚生省の附属試験研究機関である。感染症に関する研究を行なうほか、抗生物質やワクチンなどの開発と品質管理を指導することが任務であった。その後、組織が次第に拡大し、一九五五年に東京大学内から品川区上大崎の旧海軍大学校の跡地に移転して独自の庁舎を持った。さらに、武蔵村山市に分室、茨城県つくば市に支所も設けた。

一九八四年になると、組織の見直しとも関係して、予研の庁舎を品川から新宿区戸山に移転する計画が持ち上がった。ところがその移転先が、早稲田大学や障害者施設のすぐ近くで住宅密集地でもあることから、安全性に関する危惧が持ち上がり、地元町会や新宿区議会、障害者施設、早稲田大学などから反対運動がわき起こる。それにもかかわらず、一九八八年の年末から建設工事が開始された。

移転先の新宿区戸山は、かつて陸軍の軍医学校があった場所である。陸軍軍医学校といえば、戦時中の七三一部隊との関係が思いおこされる。予研の新宿区戸山への移転に反対する人たちの一人、芝田進午（広島大学教授・哲学）は、予研のこれまでの所長のなかに七三一部隊と直接あるいは間接に関係していた人物が少なからずいるが、予研は旧陸軍軍医学校の犯した過ちをきちんと反省しているのだろうか、と問題提起した。反対する声が強いのに移転を強行しようとするのは、過去の体質をまだ引きずっているからではないか、というのである。(36)

芝田進午はさらに、アメリカ国防総省の「生物戦争計画」の資料などに基づき、予研は米軍と密接な協力関係にあるのではないかと指摘した。(37) 一九八九年七月には、移転工事の現場から多数の頭骨や大腿骨が発見され、七三一部隊などによる戦時中の医学犯罪の証拠ではないかという疑惑も持ち上がっていた。

毎日新聞が北大獣医学部の助手による米軍施設での研究を大きく報じたのは、こうした状況下でのことである。したがって北大の件は、予研移転問題の「余波」として浮上したと言えそうである。また、予研問題の「震源」の一つとなった七三一部隊の問題が適切に処理・反省されていなかったがゆえに生じた「余波」とも言えよう。

芝田進午による先の問題提起に対し予研所長の大谷明は次のように応じた。予研の戦後の活動からわかるように、今の予研の「医学研究者としての体質は健全なものである」、「過去の一部の汚点をとり上げ現在の予研の体質を推測する」芝田の論法では「親の過ち孫子に祟る」になる[38]。「親の過ち孫子に祟る」を防ぐには、親の過ちを誠実に反省することが大前提であろう。軍事研究の問題を考えるにあたっても、「過去の過ち」とどう向きあうか、真剣に考えなければならない。

第5章　冷戦終結後——進みゆく「デュアルユース」

1　宇宙の開発利用と安全保障

(1) アクロバティックな解釈

政府は一九八五年に、宇宙の開発利用は「平和の目的に限」るという国会決議を尊重する観点から、偵察衛星は導入しないと述べていた。偵察衛星の使用はまだ一般化していない、というのが理由であった。

ところが一九九八年になると第三次補正予算に「情報収集衛星、いわゆる偵察衛星の開発」を盛り込み、二〇〇二年度に合計四機打ち上げることを目ざして開発を進めると発表する。[1] 分解能一メートル級の光学センサー衛星と、分解能三メートルの合成開口レーダー衛星を、それぞれ二機ずつ打ち上げるという計画だった。

一九八五年の時点では「偵察衛星の利用がまだ一般化している状況にあるとは言えない」としてい

たのに、一九九八年度の時点では一般化していたのだろうか。この点について政府側は、次のような論理を展開した。たしかに現時点で商業化され一般的に利用されている観測衛星の分解能は二〜三メートルである。しかし一九九九年度から二〇〇一年度にかけ、分解能一メートル程度の商用衛星が打ち上げられる計画がある。したがって日本が打ち上げる二〇〇二年度には分解能一メートル程度の衛星が一般化しているという蓋然性が極めて高く、そうした状況の中で今回の衛星を開発することは国会決議に反しない。

こうした主張に対し斉藤鉄夫（さいとうてつお）委員（公明党）が反論した。「その論理を使ったら何でもありになってしまいますよ。多分何年先にはこの技術が開発されているだろう、だからそれはもう一般化されている、そこに向かって今からいろいろな準備をする、ちょっと私は無理があるような気がいたします」。

この議員はさらに続ける。「素直な目で見れば、私はこの情報収集衛星は国会決議に抵触していると思うのですよ。……いろいろなところで無理な論理展開がある。だから、本当に我が国の安全にとって情報収集衛星が必要なのであれば、その国会決議なりその自衛隊の宇宙利用についてもう一度真剣に考えてみて、その国会決議を変えなければいけないのであれば変える議論をしよう、そういう努力こそ大事なのではないか。……とにかくややこしいところにはふたをして、こそこそっと情報収集衛星を理論づけた」のではないか。

宇宙法が専門の青木節子ものちに、政府の論理は「従来の「一般化理論」から一歩踏み出した」ものであり、「一般化」の考え方をここまで拡大させることは「非軍事利用とはほとんど言い得ないほどアクロバティックな解釈をする」ものだと述べた。[2]

「平和の目的に限り」という国会決議を遵守する立場と、宇宙の軍事利用を何とか進めたい立場とを、これまで一般化理論で何とか折り合いを付けてきたのだが、ここに来て矛盾が大きくなり、政府は「アクロバティックな解釈」に走ったのである。

政府が、「アクロバティックな解釈」をしてでも一九九八年度の補正予算に「情報収集衛星、いわゆる偵察衛星の開発」を盛り込もうとした背景には、同年の八月三一日に北朝鮮がテポドン一号を発射したという事情があった。発射の翌日九月一日に内閣官房長官が、画像衛星の活用に関して検討すると発言し、九月一〇日には自民党が情報収集衛星に関するプロジェクトチームを発足させた。そして政府は、一一月六日に情報収集衛星の導入を閣議決定し、一一月一〇日には宇宙開発委員会（委員長は科学技術庁長官）が情報収集衛星の研究着手を承認するという素早い対応を見せた。一二月八日の衆議院予算委員会で先の野党議員が「テポドン一号一発で、あれよあれよという間にあまり議論もされずに導入が決まってしまったという感じ」というほどだった。

もっとも、「冷戦後の日本の安全保障政策の方向性を決定付けた」とされる、首相の私的諮問機関「防衛問題懇談会」の報告書（一九九四年）がすでに「偵察衛星の利用も含めた各種センサーの活用をはかるべきである」としていたから、偵察衛星の導入は既定路線であった。[3] テポドン一号の発射は、そうした動きを後押ししたにすぎないと理解すべきだろう。

ともあれ政府は、国会決議について検討し直してはどうかという指摘に正面から応えず、「アクロバティックな解釈」という途をとった。外形的には「平和の目的に限り」の国会決議を尊重することで批判をかわしつつ、実質的には「平和利用＝非軍事利用」という従来の解釈を変更したわけである。国会決議を表面的には維持しつつ解釈を変えることで実を取るという政府のやり方は、これ以降も繰り返される。

（2）非軍事から非侵略へ

二〇〇八年五月二一日、国会で宇宙基本法が成立した。一九六九年に宇宙開発事業団法を審議する過程で、「すみやかに宇宙開発基本法の検討を進め立法化を図ること」という一文を含む付帯決議が参議院においてなされていた。それが実現したわけである。

基本法は第一条や第二条で、「日本国憲法の平和主義の理念を踏まえ」て宇宙の開発利用を進めていくと謳う。そして第三条では「宇宙開発利用は、国民生活の向上、安全で安心して暮らせる社会の形成、災害、貧困その他の人間の生存及び生活に対する様々な脅威の除去、国際社会の平和及び安全の確保並びに我が国の安全保障に資するよう行われなければならない」と謳う。

国会審議では、この第三条に含まれる「安全保障に資するよう」が問題となった。宇宙の開発利用を平和目的に限る、すなわち軍事利用はしないという、一九六九年の国会決議をないがしろにするものではないかというのである。こうした疑問に対し提案者側の櫻田義孝（さくらだよしたか）委員（自民党）はこう発言した。「本法案では、宇宙開発利用を我が国の安全保障に資するように行うものと位置づけておりまして、憲法の平和主義の理念にのっとりまして、専守防衛の範囲内で防衛目的での宇宙開発利用は行うことができるというのが本起草案の動議提出者の趣旨でございます」。さらに一九六九年の国会決議との関係について、「本法案により、平和利用決議を否定したり、これを無効にするようなものではないと考えております」と述べた。

しかしこんなやりとりもあった。ミサイル攻撃に対処するには、ミサイルの発射を早期に探知しその動きを追尾する、早期警戒衛星と宇宙追尾衛星を導入することが必要だとされる。しかしこれまでの一般化理論のもとでは、そうした衛星は利用できないとされてきた。今回の宇宙基本法のもとでは可能なのか。こうした趣旨の質問に対し提案者側の河村建夫(かわむらたけお)委員（自民党）が、「防衛目的での宇宙開発利用、何が可能であるかということになりますと、科学技術の水準あるいは国際情勢等に照らし合わせまして、その都度判断されるべきものと考えております」と述べ、早期警戒衛星や宇宙追尾衛星の導入ができないとは言わなかった。

国会でのこうした一連のやりとりをみれば、そしてこれ以降の事態の展開を見れば、宇宙基本法は国会決議における「平和利用」を「非軍事」と解するという従来の立場を、「非侵略」と解する立場に転換するものであった、と見るのが自然であろう。前年五月一一日の内閣委員会ですでに、平和利用の解釈を非軍事から非侵略へと転換すべきだと公然と語られていたという事実もある。

宇宙基本法は、宇宙の開発利用と産業の振興とを明確に結びつけるものでもあった。同法の第四条は次のように謳っている。「宇宙開発利用は、宇宙開発利用の積極的かつ計画的な推進、宇宙開発利用に関する研究開発の成果の円滑な企業化等により、我が国の宇宙産業その他の産業の技術力及び国際競争力の強化をもたらし、もって我が国産業の振興に資するよう行われなければならない」。

宇宙基本法はそのための体制整備についても定めた。内閣に宇宙開発戦略本部を設置し、そこが「宇宙開発利用に関する基本的な計画」(宇宙基本計画)を策定して、施策を総合的・計画的に進めていく。戦略本部の本部長は内閣総理大臣で、内閣官房長官と宇宙開発担当大臣が副本部長となり、その他の全ての国務大臣が本部員となる。

その宇宙開発戦略本部が二〇〇九年六月二日、「宇宙基本計画――日本の英知が宇宙を動かす」を制定した。そして二〇一三年一月には第二次「宇宙基本計画」を制定し、今後五年間の計画を定めた。ところが安倍政権は二〇一五年一月九日、計画期間が三年ほど残っているにもかかわらず、新たに第三次「宇宙基本計画」を決定する。「我が国を巡る安全保障環境が一層厳しさを増」しているとして、「安全保障」を前面に押し出したのである。

二〇〇八年に成立した宇宙基本法は附則で、同法の施行から一年を目途に「独立行政法人宇宙航空研究開発機構その他の宇宙開発利用に関する機関について、その目的、機能、業務の範囲、組織形態の在り方、当該機関を所管する行政機関等について検討を加え、見直しを行うものとする」としていた。これを承けて二〇一二年六月二〇日、宇宙航空研究開発機構法(JAXA法)の改正案が参議院本会議で可決され、成立する。一九六九年に設立された宇宙開発事業団(NASDA)は、宇宙科学研究所(全国の大学の共同利用機関)および航空宇宙技術研究所(科学技術庁の研究所に由来する)と二〇〇三年に統合され、宇宙航空研究開発機構（ＪＡＸＡ）となっていたのである。

ＪＡＸＡ法の改正は、新聞報道にも見られるように、「宇宙航空研究開発機構（ＪＡＸＡ）の事業を「平和目的に限る」とする規定をなくし、防衛分野の研究も可能に」し、「今後、専守防衛の枠内で情報収集衛星や早期警戒衛星なども開発できるように」するものであった。[4]

（3）宇宙基本法と経済界

宇宙基本法の内容は、当時の経済界の要望にも合致するものだった。経済団体連合会（二〇〇二年から日本経済団体連合会）は防衛生産委員会を中心に、わが国の防衛力整備のあり方について「防衛産業の立場から」検討し、節目節目で提言を発表していた。そして二〇〇四年七月には、「今後の防衛力整備のあり方について――防衛生産・技術基盤の強化に向けて」と題した提言を発表する。政府が同年中に「防衛計画の大綱」と「中期防衛力整備計画（二〇〇一〜二〇〇五年度）」を見直すというので、そのタイミングに合わせて発表したのである。

経団連の提言は、まず日本の「安全保障を取り巻く環境の変化」を整理し、そのうえで今後の安全保障基盤の強化に向けた「考え方」と、強化にあたっての「具体的課題」を述べるという、三部構成になっている。

安全保障環境の変化については五項目を挙げている。一つは、安全保障環境の「質的な変化」である。東西の国家どうしが厳しく対立しあうという時代が終わり、地域紛争や、テロの発生、大量破壊兵器の拡散など、冷戦時代とは異なる軍事的脅威が前面に出てきたこと、ならびに大規模災害や、感染症、サイバーテロなど、軍事的ではない脅威も無視できなくなってきたことが、その内容である。「技術の高度化」も重要な変化だという。ＩＴネットワーク、精密誘導機器、センサー、無人機などが大きく進歩し、宇宙を活用した通信・測位・情報収集も組み合わせた「防衛システムの高度ネットワーク化、システムインテグレーション化」が急速に進んでいる。また「高度な民生技術を安全保障分野において活用する傾向が強まっている」。

安全保障環境の変化の残り三つは、防衛装備予算が年々減少傾向にあるという「防衛産業を取り巻く状況」の変化と、防衛に関する装備や技術の開発・生産・運用を複数の国が共同で行なう「国際的な連携の進展」という変化、自衛隊が防衛任務だけでなく、国際協力や、災害対応、感染症対策なども担うようになったという「自衛隊の活動の多様化」である。

経団連の提言は、これら「安全保障を取り巻く環境の変化」をふまえたうえで、いくつかの具体的提言を行なっている。われわれにとって興味深い点が三つある。

一つは、「防衛基盤の強化に向けた方策」の一つとして、「安全保障分野における宇宙の活用」が重要だと指摘していることである。「国民の安全・安心を確保するために、いまや宇宙空間からの衛星による情報収集・通信・分析・活用が欠かせない」。宇宙の利用に関し他の国々では、「侵略や攻撃を目的としない防衛目的での利用は、国際安全保障上、むしろ有用であるとの解釈がとられ、広く宇宙が有効活用されている」。ところが日本では、「利用が一般化していない限り防衛目的での利用は禁止されており、その結果、最先端技術で国民の安全を守ることができない状況にある」。したがって日本も「早急に宇宙の平和利用を国際的な解釈と整合させる必要がある」と言う。「平和利用」の解釈を「非軍事」から「非侵略」へと転換するよう、宇宙基本法が成立する四年前に提言しているのである。

こうした提言には、一九九〇年の日米衛星調達合意も影響していると言われる。日米通商摩擦の流れを受けて結ばれたその合意では、研究開発以外の衛星を調達するには「公開、透明、かつ、無差別の調達手続」すなわち国際入札をしなければならないことになった。その結果、一九九〇年以降に政府などが調達した実用衛星のほとんどが米国製となった。そこで国内メーカーは、軍事衛星には日米衛星調達合意の効力が及ばないものと解し、国会決議における「平和利用」が「非侵略」と解釈し直されれば政府からの軍事衛星調達に道が開ける、そう期待したというわけである[5]。

（4）デュアルユースへの関心

経団連が「今後の防衛力整備のあり方について」で具体的に提言する二つ目は、「防衛・民生の垣根を越えて」という提言である。「わが国が優位性を持つ民生技術を国民の安心・安全〔当然、防衛も含まれる〕に積極的に利活用」していくことで「技術開発の推進を図り、国際競争力の強化、技術優位性の確保を図る」べきだという。

日本の防衛企業は、社内で防衛関連事業の占める比率が低く、また製品の販売先は防衛庁だけであるという特徴をもつ。したがって民生分野との関連を強めることで、防衛装備予算が減少傾向にあるなかでも事業を維持していこうというのである。防衛産業は「従来の装備生産中心型から、多様な脅威への対応力を包含した幅広い安全保障産業への変革が求められている」のだという。

このように経団連の二〇〇四年の提言は「防衛・民生の垣根を越えて」という表現で、デュアルユース（軍民両用性。詳しくは次節参照）への関心を示していた。

経団連による具体的提言の三つ目は、武器輸出に関するものである。武器輸出については「一律の禁止ではなく、わが国の国益に沿った形で輸出管理、技術交流、投資のあり方」を考えることが必要だと強調する。武器輸出三原則など輸出管理政策が厳格に運用されるあまり、日本の防衛産業は、輸出や投資、技術交流などが厳しく制限され、国際共同開発の動きにも乗り遅れているというのである。「市場の拡大」を求める動きと言えよう（やがて二〇一四年四月に安倍内閣が「防衛装備移転三原則」を閣議決定し、武器輸出はこれまでの原則禁止から、条件を満たせば認められるようになる）。

2　デュアルユースを梃子に

（1）民生に軍事が相乗り

二〇〇八年に宇宙基本法が成立し施行されると、防衛省ではさっそく防衛副大臣を委員長とする宇宙開発利用推進委員会を設置し、宇宙をどう開発し利用していくか、その進め方について具体的な検討を開始した。そして二〇〇九年一月、「宇宙開発利用に関する基本方針について」を発表する。

その基本方針は、「デュアルユース」をキーワードにして「他省庁等との交流・協力」を進めていくと力説する。ここに登場する「デュアルユース」とは、ある技術（装置やシステムなど）が基本的に民生用途と軍事用途のどちらにも利用しうる、ということを意味している。たとえば「安全保障分野において宇宙の活用を図る上では、世界最先端の技術を追求する必要がある。その際、民生と防衛との効果的なデュアルユース化が進んでいることにも留意し、民生技術の活用を含む研究開発を実施していくことが重要であ」る、というのである。

防衛省の考えるところを、報告書「宇宙開発利用に関する基本方針について」に沿って、もう少し具体的に見てみよう。

宇宙を利用しようとすれば、衛星の開発から打ち上げ、そして運用まで、高い技術力と多額の費用、長い時間が必要である。技術の進歩も早い。したがって防衛省が独自に宇宙の開発利用を進めることは、効率的でも効果的でもない。むしろ「民生・学術分野の優れた技術を保有する」大学や独立行政法人、関係府省などが進める計画に「防衛という視点を盛り込むことにより、デュアルユース化させる」のがよい（傍点、引用者）。つまり、民生用途の技術水準の高い宇宙開発に相乗りすることで、防衛用途にも使えるものを効率よく入手しようというわけである。「衛星による資源探査等に有効活用されることが期待される多波長光学センサーは、将来的には、識別能力の向上という点で防衛用途への応用も考えられる」と、具体例もあげている。

もっとも、どんな軍事技術でも民生技術に相乗りさせることができるとは限らない。したがって「防衛分野に利用が限定されるものについては、防衛省として主体的に取り組む」。たとえば部隊運用上重要な指揮統制・情報通信に使用している民間Xバンド通信衛星三機のうち、設計寿命を迎える二機の後継機については、防衛省・自衛隊が自らのニーズに応えうる初の防衛省保有の衛星として整備していくとしている。

(2) 二波長赤外線センサー

宇宙の軍事利用に向け、デュアルユースを梃子に防衛省がどのように研究開発を進めていくのか、具体例で見てみよう。取り上げるのは、報告書「宇宙開発利用に関する基本方針について」に具体例としてあげられた、多波長光学センサーである。

どんな物体もつねに、人の目には見えない赤外線を放射している。したがってその赤外線を検知できるセンサーを使えば、暗闇の中でも「見る」ことができる。通常のレーダーのようにこちらから照射してその反射を捉えるわけではないから、相手に気づかれることもない。

物体が放射する赤外線の状況（波長や強度）は、その物体の温度や物体の材料、表面状態などによって異なる。そこで普通は、見たい対象物に応じどの波長の赤外線を検知するかを決め、それにふさわしいセンサーを使う。これまでの赤外線センサーでは一つの波長しか検知できなかったからである。しかし、もし二つの異なる波長の赤外線を一つのセンサーで同時に検出することができれば、状況に応じ二つの波長を使い分けることができるので、センサーを有効に使うことのできる場面が増える（運用場面の拡大）。また二つの赤外線がもたらす情報について、その特徴を比較したり差分をとるなどの処理を加えることで、目標を探知し識別する能力を高めることもできる（目標探知識別能力の向上）。たとえば、ミサイルなどが噴射する高温排気ガスを、紛らわしい背景のなかから浮かび上がらせ、遠方のミサイルを確実に捉えることができるようにしたり、海面が太陽の光を反射してきらきら輝くのを抑えて、そこに浮かぶ艦船をはっきり見ることができるようにする、といったことが可能になる。

赤外線センサーには、大きく分けて熱型（非冷却型）と量子型（冷却型）の二種類があり、前者は冷却器が必要なく小型軽量で価格も安いので、主として民生分野で広く用いられている。他方、後者の量子型は、冷却する必要があるものの感度が高く、遠方の物体の確認が必要な、航空機や艦船などで用いられている。

この量子型の赤外線センサーの分野で、一九九〇年代に入ったころから、これまでとは違う半導体（ガリウムヒ素系半導体）が用いられるようになってきた。この新しい半導体は、複数の波長に対応した、画素数の多いセンサーを製造するのに好都合であり、製造時の歩留まりがいいのでコストを抑えられる、などの特徴をもっている。

ガリウムヒ素系半導体を用いた赤外線センサーには、ＱＷＩＰ式と、その発展形であるＱＤＩＰ方式とがある。防衛庁（省）の技術研究本部はこのうちのＱＤＩＰ方式を採用することで、二〇〇七年、温度八〇ケルビン（摂氏マイナス一九三度）で動作する、二五六×二五六画素、波長一〇マイクロメートル用の赤外線センサーを実現した。その後は、それを二つの波長を検知できる構造へと発展させる研究に取り組み、二〇一四年、二つの波長（遠赤外線と中赤外線）で一〇二四×一〇二四画素の画像を取得できる赤外線センサーを開発した。

二波長赤外線センサーに関するこうした解説文などは、技術研究本部電子装備研究所の研究者たちによって発表されている。[6] しかし実際の研究開発は、この分野で実績のあった民間企業（富士通株式会社）と連携して（同社に委託して）行なったのであろう。技術研究本部と富士通株式会社とが連名で、あるいは富士通株式会社が単独で関連特許を出願している。

(3) 民生用と軍事用が並存

富士通株式会社は、技術研究本部との共同研究開発で得た技術やノウハウを、今後、各種の製品開発に活かしていくことであろう。

二波長赤外線センサーは、車両やロボットに搭載すれば衝突防止システムの一部として利用できるだろうし、衛星に搭載すれば北極海の海氷を観測して気候変動の状況を調べたり、海水温を測定して漁業に役立てることもできるだろう。民生用の用途が開けているのだ。他方、軍事用途でも、たとえば早期警戒衛星に搭載すれば、弾道ミサイルの発射をごく早い段階で、飛翔に関する詳細なデータとともに検知するのに利用することができる。

このようにデュアルユース性がある場合には、民生目的の研究開発に軍事目的の研究開発を相乗りさせることができるのである。注意したいのは、民生と軍事とが相乗りするのであって、民生もしくは軍事の領域で研究開発された成果が、あとになってもう一方の領域に転用・展開されるという、スピン・オンやスピン・アウトの関係とは異なるという点である。民生と軍事とが「並存」「並進」するのである。

（4）防衛省とＪＡＸＡの協力

二波長赤外線センサーを衛星に搭載して利用するには、宇宙空間での強力な放射線に耐えられるかなど、さらに研究を進めなければならない。それを担当するのはＪＡＸＡである。

二〇一四年八月に防衛省の宇宙開発利用推進委員会が、二〇〇九年一月に制定された「宇宙開発利用に関する基本方針について」の改定版を発表した。ＪＡＸＡ法の改正（二〇一二年）や、「国家安全保障戦略」および「平成二六年度以降に係る防衛計画の大綱」の閣議決定（二〇一三年）などをふまえて改定したのである。

この「改定版　基本方針」は先の二波長赤外線センサーについて、文部科学省とＪＡＸＡが計画している「先進光学衛星」に相乗りさせてもらう（ホステッドペイロード）ことで、宇宙空間での実証研究を行なうとしている。二〇一九年度に打上が計画されている宇宙航空研究開発機構（ＪＡＸＡ）の先進光学衛星に試作センサーを搭載し、二〇二四年度まで五年間、宇宙空間での試験運用を行なう計画だという。

デュアルユース性は、このように防衛省が「他省庁等との交流・協力」を推進する梃子にもなる。防衛省の「宇宙開発利用に関する基本方針について」が言うように、たとえば衛星の打ち上げシステムは必ずしも防衛省専用のものである必要はなく、「安価で信頼性の高いもの」であれば他府省のものでよい。衛星や宇宙のゴミを監視する宇宙状況監視（SSA）にしても、「JAXA等が保持する人工衛星等の追跡機能や技術的知見を活用」することで、監視能力を高めることができる。民生用のものであれ、利用できるものは最大限利用していこうというわけである。

（5）デュアルユースが強調される背景

「デュアルユース」が強調されるようになったのは、冷戦終結後のアメリカでのことである。たとえば一九九五年に国防総省が「デュアルユース技術――最新技術を手頃な価格で入手する防衛戦略」と題した報告書をまとめ、次のような提言を行なった[7]。

今や、冷戦が終結し国防総省の予算の伸びが止まった。それゆえ、兵器・装備品の価格について、これまで以上に厳しく考えていく必要がある。その一方、民間産業における研究開発費は順調に伸び続け、一九六〇年代は国防総省の研究開発費とほぼ同じだったのに、今では二倍にもなっている。そして民間産業では、市場のニーズに突き動かされてコスト低減への意識が高く、また開発サイクルも短い。たとえばエレクトロニクス業界は三～四年で「次世代」商品を生みだしていくのに、国防総省では新しいシステムを開発するのに一〇年以上もかかっている。したがってこれからは、民生産業と防衛産業との間の壁を打ち壊すことで、軍事技術がつねに最先端のものであり、かつ安価でもあるようにしなければならない。

そのための方策として、報告書は三つのことを提言している。一つ目は、研究開発投資の進め方に関する提言である。民間産業の安価で優れた技術を活用して兵器・装備品を製造していくには、それら民間産業が技術的につねに世界最先端を走っていなければならない。したがって国防総省の目標は、限られた研究開発予算を用いて、「アメリカ軍にとって決定的に重要な分野において民生技術基盤が最先端であり続けるよう、それを支援すること」とすべきである。デュアルユース性をもった研究に集中投資すべきだというのである。

二つ目は、民生技術を軍事技術に積極的に取り込むことである。そのためには設計の仕方も変えなければならない。兵器システムを設計してから、それを製作するのに使える民生品を探すのでなく、技術的に最先端の民生用製品を利用することを最初から意識して兵器を設計しなければならない。そして三つ目は、軍事品の製造にあたり、民生品用の生産ライン（製造プロセス、製造技術）を活用することで製造コストを低減するという、「デュアル生産」である。

したがって今日言われる「デュアルユース」は、単に技術の特性（軍民両用）を意味するだけでなく、兵器や装備品の研究・開発・生産の進め方を意味するものでもあるのだ。

わが国において「デュアルユース」が強調されるようになったのも、元をたどればこうした動向に由来すると言えよう。実際、先に紹介した経団連の「今後の防衛力整備のあり方について」（二〇〇四年）にも同じような発想がはっきり現われている。あとで述べる安全保障技術研究推進制度もこうした文脈の中に位置づけて理解すべきであろう。

(6) 防衛省が注目する民生技術の例

防衛省が注目する民生技術は、衛星のような巨大なものとは限らない。どのような技術に注目しているのか、その一端を「防衛技術シンポジウム」からうかがい知ることができる。

「防衛技術シンポジウム」とは、防衛省の技術研究本部が同省における技術研究開発の成果などについて発表する場として、毎年、一般に公開して開催しているイベントである。二〇一五年一一月一〇日～一一日に開催された「技術シンポジウム二〇一五」では、民生技術を積極的に活用するという意図にもとづき、防衛分野にも応用可能なデュアルユース技術の展示が公募された。

公募の対象は、「デュアルユースの活用の可能性が高く、防衛装備庁として今後取り組むことを検討しているテーマ」のうち特に（一）超音速、（二）無人機、（三）高高度飛翔体の分野において、「現時点では研究の途上にあり、営利活動を行うには至っていないが、デュアルユース性が高く、製品化の可能性が高い技術を持つ大学・研究機関・企業等」であった。書類選考で選ばれると、シンポジウムの会場にブースを開設して展示を行なうことができる。

実際に出展したのは、シャープ株式会社や、日本電気株式会社、日本ヒューレット・パッカード株式会社など、一般にもよく知られた企業のほか、産業用カメラメーカーのアディメック・エレクトロニック・イメージング株式会社や、大型のリチウムイオン電池を用いてニーズに応じた組電池（電池モジュール）を設計製作するマイクロ・ビークル・ラボ株式会社、複合精密切削加工を得意とする株式会社ひびき精機など、計八社であった。大学や研究機関の展示はなく、応募があったのかどうか、また全体の応募数がいくつだったのかは不明である。

日本電気株式会社（ＮＥＣ）が出展したのは、小型の海中無人機（ＵＵＶ）に利用することを目指した「海中無線給電システム」であった。

スマートフォンのなかには、充電器の上に置いておくだけでケーブルをつながなくても充電できるものがある。非接触給電とよばれる技術で、家庭電化製品や、電気自動車、医療機器、ロボットなど様々な機器での利用に向け、研究開発が進んでいる。普及を促進するため業界では、小電力のものについてQi（チー）という標準規格も定めている。ＮＥＣの今回のシステムは、民生分野で発展しつつあるこの非接触給電技術を、海水中でも高い効率で利用できるようにしたものである。

防衛分野では、海中での情報収集や警戒監視などのためにＵＵＶの開発・運用が進められている。これまでは、充電が必要になるたび、母船に引き上げて電池を交換したり充電したりする必要があった。しかし海中に沈んだまま非接触で給電・受電できるとなれば、海岸近くに設置された給電装置あるいは遠洋に浮かぶ給電艇に近づくだけで済むから、ＵＵＶの運用効率が格段に向上する。

非接触給電にはいくつかの方式があり、今回のＮＥＣのものは、同社独自の渦電流伝搬技術を用いている。一〇センチメートルほどの距離で四〇％ほどの給電効率を達成したという。防衛省はこれとは別に、海中で数メートル離れた物体どうしで非接触給電する技術の開発を、二〇一五年度の安全保障技術研究推進制度（後述）を利用して、別の企業（パナソニック株式会社）に委託している。非接触給電への期待が大きいということだろう。

もう一つ、海洋研究開発機構（ＪＡＭＳＴＥＣ）の地球深部探査船「ちきゅう」を防衛技術協会の水中防衛技術研究部会が視察したという出来事も挙げておこう。[8] 防衛技術協会については前章でも触れたが、「防衛に係る技術研究開発の振興を図り、わが国の防衛基盤の育成強化に寄与することを主たる目的」として一九八〇年に設立された組織で、防衛省や軍事企業の関係者などが役員を務めている。

視察の目的は、「世界初のライザー掘削技術を導入した研究船を見学し、研究部会の活動の参考にする」ことだった。ライザー掘削（海底に掘った孔が崩れるのを防ぎながら掘り進める方法）に関わる様々な機械装置や、掘削時に船体を定点に保持・制御することのできる操舵室などを、研究船の建造を担当した、ＪＡＭＳＴＥＣの海洋工学センター長の案内で見せてもらったという。科学研究のために開発あるいは導入した機械や装置であっても、そのなかに水中防衛技術の開発・製造に活かすことのできるヒントが潜んでいるということなのだろう。

（7）安全保障技術研究推進制度

防衛庁（二〇〇七年から防衛省）では、陸海空の自衛隊が実際に使用する兵器・装備品を開発するために、有望視される技術については技術研究本部が中核となり独自に（企業への委託も含めて）研究を進めてきた。しかし、「民生技術と防衛技術の境界の不透明化（ボーダーレス化）」にともない、優れた兵器・装備品を開発し実現していくには、「広範な基礎技術領域に網を張り、優れた技術を効果的・効率的に装備品に反映させていく新たな仕組み」が必要になってきた[9]。また「我々が考え及ばなかった有望な技術課題を採択し、それらを萌芽的段階から育成することで、早期に有望技術の見極めを実施する」必要もある。

そこで防衛省は二〇一五年度から、「優れたデュアルユース技術を効果的・効率的に取り込む方策として」安全保障技術研究推進制度を予算三億円でスタートさせた（二〇一七年度概算要求では一一〇億円に増加）。

防衛省はこれより前、二〇〇一年度から、国内の大学や独立行政法人などとの関係を強化する取り組みを進めてきており、共同研究も実施してきた。研究協力の件数は、二〇一五年一月までに三二件に達している。しかし研究資金の提供は原則として行なわないできた。それに対し今回新設した制度では、防衛省が独自に研究資金の提供を行なう。

研究のテーマは防衛省が決定する。まずは防衛装備庁の各研究所などに在籍する約六〇〇名の研究者の意見を聴取するなどして研究テーマの案を作成し、その後、外部有識者の意見も聞いて最終決定する。公募は、大学や国の研究機関、民間企業、ＮＰＯ法人などに所属する研究者を対象に行なう。これに応募しようとする者は、研究代表者も研究分担者も、所属研究機関の長による「研究課題申請同意書」を提出しなければならない。つまり所属機関の了承を得て応募するわけである。

応募者に対する審査は二段階で、一次審査は防衛省内の職員が応募書類を見て行ない、二次審査は外部評価委員が担当する。採択後は、研究者の所属する機関（研究者個人ではなく）と防衛省との間で研究委託契約を締結し、防衛装備庁に所属するプログラム・オフィサーが、各研究の進捗状況を「防衛用途への応用という出口を目ざして」助言・確認していく。研究の委託は単年度ごとで、最大で三年間継続することができる。

初年度の二〇一五年度は、二八のテーマを掲げて七月から八月にかけて公募し、一〇九件の応募があった。大学等が五八件で全体の半分（五三％）を占め、企業等二九件（二七％）、公的研究機関二二件（二〇％）とつづいた。応募者が多かったことから、得られた研究成果は「公開を原則とするという趣旨」つまり軍事研究ではないということが、「大学関係者にもおおむね御理解いただけたのではないか」と防衛省の担当者は述べている。実際に採択されたのは、大学四件、企業二件、公的研究機関三件であった。

二十八の研究テーマのうち「メタマテリアル技術による電波・光波の反射低減及び制御」や「昆虫あるいは小鳥サイズの小型飛行体実現に資する基礎技術」など「将来的にも有望な技術分野」に対し、それぞれ九件、八件と多数の応募があった。このことから防衛省は、「民生分野においてこれらが盛んに研究実施されていることがうかがい知れた」という。民生技術のなかに軍事技術のシーズを探し出していくうえで、この制度が大いに役立ったということであろう。

(8) ImPACT――イノベーションめざして

政府は二〇一三年度の補正予算に五五〇億円を計上し、「革新的研究開発推進プログラム」、略称ImPACT（インパクト）をスタートさせた。必ずしも成功するとは限らない（＝ハイリスクだ）が、成功すれば産業や社会のあり方に非連続的なイノベーションをもたらすような（＝ハイインパクトな）革新的な科学技術の研究開発を推進するための制度だとされる。

ImPACTの正式名称は、disruptive technologies によりパラダイム転換をもたらす、という意味をもつ。disruptive technology（破壊的技術）とは、ハーバード・ビジネススクール教授のクレイトン・クリステンセンが提唱した概念で、「従来とはまったく異なる価値基準を市場にもたらす」技術であり、従来の製品の性能を高めるだけの「持続的技術」とは異質のものである。[10] ImPACTはそうした破壊的技術により、「ガソリン車が燃料電池車に取って代わられるような、技術の連続性がないイノベーション」を目ざそうというのである。ImPACTという研究助成制度がいかにイノベーションを重視しているか、その名称からもうかがえようというものである。

ImPACTでどのようなテーマの研究開発に取り組むかは総合科学技術会議（CSTP、二〇一四年より総合科学技術・イノベーション会議。議長は内閣総理大臣）が決定する。テーマを選ぶときの観点は、産業競争力を飛躍的に高めるものかどうか、従来の常識を覆すような革新的イノベーションにより社会経済的課題を克服するものであるかどうかである。ただしそのほかに「国民の安全・安心に資する技術と産業技術の相互に転用が可能なデュアルユース技術を視野に入れたテーマ設定も可能とする」とされた。「国民の安全・安心」には「安全保障」も含まれると理解するのが自然であろう。

具体的な研究開発プログラムは、公募で募集するプログラム・マネージャーが提案し、その中からCSTPが、外部有識者の意見も取り入れつつ決定する。プログラム・マネージャーは国内外の研究開発動向や市場動向を把握し、事業化も視野に入れた研究開発計画を提案する。提案が採択されたあとは、研究プロジェクトの進行管理を一手に引き受ける。研究提案を公募して採択したり、ときにはプロジェクト内の研究グループに対し研究の中止や方向転換を指示することなども、自分一人の権限と責任で行なうことができる。

二〇一五年末までに一六名のプログラム・マネージャーと、一六の研究開発プログラム（研究テーマ）が決まった。人の脳神経系や身体とロボットなどとを融合させ複合的に機能させる仕組みの開発をめざす「重介護ゼロ社会を実現する革新的サイバニックシステム」（山海嘉之（さんかいよしゆき）・筑波大学）や、状況が刻一刻と変化する極限的な災害環境でもへこたれずタフに仕事ができる遠隔自律ロボットの実現をめざす「タフ・ロボティクス・チャレンジ」（田所諭（たどころさとし）・東北大学）、「社会リスクを低減する超ビックデータプラットフォーム」（原田博司（はらだひろし）・京都大学）などである。

(9) 手本はDARPA

失敗のリスクを覚悟で、目の利く有能なプログラム・マネージャーに大きな権限と責任を与え、そのかわり実現すればインパクトが大きい革新的な技術の開発をめざすという、このImPACTのやり方は、米国防総省の一組織、国防高等研究計画局（ＤＡＲＰＡ）のやり方にならったものである。

ＤＡＲＰＡは自ら研究を行なう組織ではない。プログラム・マネージャーやディレクターが、防衛企業や、アカデミック機関、他の政府組織などに研究を委託し、有益な研究成果がでると、それを陸海空軍や、海兵隊、中央情報局（ＣＩＡ）、アメリカ国家安全保障局、アメリカ国防情報局、アメリカ国家地球空間情報局、アメリカ国家偵察局などに利用させる。軍事利用できる技術の研究開発を促進すること、それがＤＡＲＰＡの任務である。

ＤＡＲＰＡでは官僚的な組織運営が徹底的に排除され、プログラム・マネージャーにはプロジェクトの開始や継続、停止なども含め研究プロジェクトの運営を、外部からの干渉を受けることなく行なう権限が与えられている。こうすることで、新しい技術の芽をいちはやく見つけて成長させ、技術開発において常に敵国に先んじようとしてきた。

野心的なアイデアに大胆にチャレンジする研究や、軍事に役立つかどうかわからないような研究に対しても支援を惜しまない。インターネットやＧＰＳなど、今では民生分野でも広く利用されている技術も、もとはといえばＤＡＲＰＡの前身であるＡＲＰＡにより軍事目的で開発されたものである。だが、これら成功したものの他に、実を結ばなかった研究プロジェクトにも多くの資金を投入してきた。近年のＤＡＲＰＡは、アメリカ国外からも応募できる研究プロジェクトの募集を行なったり、無人自動車の競技大会やロボットの競技大会を開催して、海外からも優秀な技術を発掘しようとしている。

このようにDARPAは技術開発に貪欲な姿勢で臨む。日本のImPACTは、そのDARPAの手法、とりわけ、重点的な研究領域を設定してプログラム・マネージャーの強力なリーダーシップにより成果を挙げる、という手法に倣おうとしたものと言えよう。その限りでは、ImPACTの登場をもって直ちに軍事研究のための体制づくりと考えるのは、いささか早計であろう。

とはいえ、「デュアルユース技術を視野に入れたテーマ設定も可能」と謳っているように、軍事に利用できる成果が出てくれば、防衛省がそれを軍事目的に使うであろうことは、当然予想される。科学雑誌『ネイチャー』の取材に対し防衛省関係者が「ImPACTのプロジェクトを注視している」と述べているし、ImPACTの立ち上げに関わった角南篤(すなみあつし)（政策研究大学院大学教授）も、「[総合科学技術・イノベーション会議の議長である] 安倍首相の主たる関心は産業振興に寄与させることであったが、日本を取りまく安全保障環境が変化しているだけに軍事への応用可能性にも関心を寄せていた」という趣旨の発言をしている[11]。

同じ『ネイチャー』の取材に対し、ImPACTの「タフ・ロボティクス・チャレンジ」のプログラム・マネージャー田所諭が、「このプロジェクトは軍事とは関係なく、災害救助に貢献しようとするものである」と言い、「重介護ゼロ社会を実現する革新的サイバニックシステム」のプログラム・マネージャー山海嘉之も、人の神経信号を拾って機械的な動きに変換するロボットスーツを開発しようとする研究であり、介護労働に従事する人の身体的負担を大きく減らすことになるだろうと述べ、ともに民生利用を目的とした研究であることを強調している。

しかしデュアルユース性をもった研究であるならば、研究者の意図はどうであれ、軍事関係者がそれを軍事目的で利用しようとしていることは否定できない。極限環境下でタフなロボットは戦場でもタフであろうし、介護従事者の身体的負担を減らすロボットスーツは兵士の身体的負担も減らすであろう。

3　生命科学におけるデュアルユース

(1) 炭疽菌事件

二〇〇一年九月一一日、アルカイダがアメリカの本土で大規模なテロ攻撃を行なった。その一週間ほどのち、粉末の入った郵便封書がテレビ局や出版社に届けられ、その三週間後には上院議員宛にも届けられる。粉末は炭疽菌の芽胞であることがまもなく判明した。少なくとも二二名が感染して発症し、出版社の編集員や配達した郵便局員など五名が死亡した。これらもアルカイダによる犯行ではないかと疑われ、懸命の捜査が行なわれた。

アメリカ社会はこの事件に大きな衝撃を受け、政府や議会は対応を急いだ。その一つが、法執行機関に通信傍受のためのより効果的な手段を与えること、刑事法を改正してテロに対する罰則を強化することなどを内容とする「米国愛国者法」(正式名称は「テロリズムの阻止と回避のために必要な適切な手段を提供することによりアメリカを統合し強化するための二〇〇一年法律」)の制定である。上院に提出された法案と下院に提出された法案とでは、生物兵器についての規定を含むか、時限規定を含むかなど重要な点で相違があり、調整に手間取るかと思われた。しかし炭疽菌事件が議会を巻き込んで発生したことで調整が加速され、両院で可決のうえ一〇月二六日にはブッシュ大統領が署名して成立した。

科学界も行動を起こした。たとえば国際政治の世界への働きかけである。二〇〇二年一一月、科学雑誌『サイエンス』に、米国科学アカデミーとイギリス王立協会それぞれの会長が連名で、「生物兵器の規制にむけ科学者も協力しよう」と訴える文章を寄せた。一一月八日から二二日までスイスのジュネーブで生物兵器禁止条約の運用検討会議が開催される、それを意識しての寄稿だった。

前回二〇〇一年一一月の運用検討会議では、検証手段などについて合意を得ることができなかった。もし今回も合意が得られなければ、次は二〇〇六年まで待たねばならない。だから今度の一一月の会議で、「国家やテロリストによって悪用されうる兵器技術」の脅威に対抗する方策について合意が得られるよう、われわれ科学者も専門的知見をもって政策担当者たちの交渉をサポートしよう、と呼びかけたのである。[12]

テロ攻撃の舞台となったアメリカでは、科学界での独自の対応を検討する動きが出てきた。科学研究の成果、とりわけ目覚ましく進歩する生命科学の成果が、テロリストの手に渡ることをいかに防ぐかを検討し始めたのである。

同類の問題はかなり前から意識されていた。そもそも科学が発展するには、また科学の成果が人類の福祉向上に活かされるには、研究者たちが自由に研究成果を発表しあう環境が欠かせない。しかしこのことは反面、研究情報を外国とりわけ敵対国にも流出させることになり、軍事的あるいは経済的にアメリカの脅威にもなり得る。このディレンマをどう調停すればよいのか。この問題を検討するために米国科学アカデミーと、米国工学アカデミー、米国医学研究所は共同で専門家から成る委員会を設置し、一九八二年に報告書をまとめていた。[13]「諸外国が科学研究から軍事的なアドヴァンテージを得つつあるという懸念が高まっている状況のもとでの、科学分野におけるコミュニケーションと国家安全保障との関係について」検討した報告書である（委員会の議長がコーネル大学名誉教授デイル・コーソンだったことから「コーソン・レポート」とも呼ばれる）。だがそこでは、生命科学の急速な進歩については考慮されていなかった。また「諸外国」といいつつ、主として想定していたのはソ連だった。

しかし今や事態は変わった。「生物兵器の製造に向け秘密裏に研究を進める国々の存在が明るみに出たし、二〇〇一年には炭疽菌による攻撃があり、バイオテクノロジーはものすごいスピードで進歩しインターネットのおかげでそれら新しいテクノロジーを容易に手に入れることもできる。こうした事態の変化」が、先の問題について再検討することを迫っていた。[14]

そこで二〇〇二年の春、全米研究評議会（NRC）が行動を起こした。「バイオテクノロジーの破壊的応用を防止するための研究基準および方策の検討委員会」を設置し、研究者たち一八名を委員として議論を始めたのである。検討委員会の任務は、バイオテクノロジーの進歩を妨げることなく、生物兵器を用いた戦争やバイオテロからの脅威を最小化することであった。

(2)「フィンク・レポート」

検討委員会は二〇〇二年四月から二〇〇三年一月までの間に六回の会合をもった。二〇〇三年一月九日には「科学研究の公開と国家安全保障」をテーマに、政策担当者や諜報分野の関係者なども参加してディスカッションする機会(ワークショップ)を設けた。そして二〇〇四年、報告書を発表する。[15] 委員長がMITの教授ジェラルド・フィンクであったことから「フィンク・レポート」とも呼ばれる。

その報告書は、遺伝子工学の研究に係わる既存の研究ガイドラインや法規制が、「実験装置や、手法、知識が、軍事攻撃やテロ攻撃のために悪用される可能性」に対応できるものになっていないと指摘する。そして、バイオテクノロジーの研究が破壊的な目的に利用されることを防ぎつつ、適正な研究は支障なく実施できるようにするために、次の七点を勧告した。

一、研究者への教育プログラムを整備し、バイオテクノロジーの研究が内包するデュアルユース性というディレンマや、研究が悪用されるリスクを減らす責任について、理解させること

二、悪用の可能性が懸念される七タイプの研究について、審査システムを整えること

三、研究結果の発表が安全保障に及ぼす影響については、研究者や専門誌編集者が自ら判断すること。ただし、論文に実験方法を記述しないことは科学研究の規範に反する、したがって原則的には発表を制限しないようにすべきである

四、バイオテクノロジーの悪用を防ぐための、科学者で構成される勧告委員会(NSABB)を厚生省のもとに設置し、この報告書が提案する方策について助言や指導を行なうこと

五、連邦政府が、バイオテクノロジーの研究者や研究対象について、法律などに基づいて適切に管理すること
六、安全保障や法執行を担当する組織は、バイオテロのリスクを減らすことに関しバイオ研究者と連絡を取り合うための新しい対話チャンネルを設けること
七、他の国とも協調して対策をとることができるよう、国際的な協議の場を設けること

科学雑誌の世界でも動きがあった。二〇〇三年二月、科学雑誌の編集者など世界各国の三二名が連名で「科学出版と安全保障に関する声明」を発表し、テロリストにより悪用される可能性に留意しつつも、科学研究の成果が広く流通するように努め、また掲載にあたっては研究結果を別の人が「再現できるくらい十分に詳細な」記述を保証する、などとした。ただし彼らも、掲載することによるデメリットがメリットを上回ることもありうることを認め、そうした場合には、研究者だけのセミナーで発表したり、研究者だけが閲覧できるウエブサイトに掲載するなど、科学雑誌以外での情報交換を活用するべきだとした[16]。

この声明は、全米科学アカデミー（ＮＳＡ）などにより二〇〇三年一月九日に開催されたワークショップでの議論をふまえて発表されたものであり、「フィンク・レポート」における三番目の勧告に対応する、出版界としての行動指針を示したものであった。

生する。

（3）発表禁止が現実に

「フィンク・レポート」の勧告第四項にあるNSABBは、第一回会合（創立大会）を二〇〇五年六月三〇日～七月一日に開催して活動を開始した。そして二〇一一年から一二年にかけ、そのNSABBの活動により、インフルエンザウイルスに関する研究論文の発表が差し止められるという事態が発生する。

高病原性H5N1鳥インフルエンザウイルスは現在、東南アジア並びに中東やアフリカの一部に広がっており、殺処分された分も含めるとこれまでに何億羽という鳥が死亡している。ヒトでは二〇〇三年以降、八五六人でH5N1ウイルスによる発症が確認されており、それによる死者は累計四五二人に上る（二〇一六年一〇月三日現在）。発症した人の半数あまりが死亡している。

ヒトが鳥インフルエンザに感染した場合のほとんどは鳥との接触によるものであり、ヒトからヒトへ伝播した例は今のところ見られていない。しかしいずれそのウイルスに変異が起きて、ヒトとヒトの間でも感染するようになるのではないか、ひとたびそうした事態が起きれば世界的大流行（パンデミック）となり甚大な被害が生じるのではないか、こうした危惧が高まっている。

そうしたなか、H5N1インフルエンザウイルスを哺乳類の間で感染できるよう改変する、という内容の実験を含む論文が、二つの研究グループからほぼ同時に、それぞれ科学専門誌の『ネイチャー』と『サイエンス』に投稿された。

一つは、河岡義裕（かわおかよしひろ）（ウィスコンシン大学マディソン校、東京大学医科学研究所）の研究チームによるものである。Ｈ５Ｎ１ウイルスの赤血球凝集素遺伝子のごく一部を変異させたものと、二〇〇九年にパンデミックを起こした（つまり伝染力の強い）新型Ｈ１Ｎ１インフルエンザウイルスに由来する遺伝子群とを組み合わせたハイブリッド・ウイルスを作成したところ、哺乳類であるフェレット（イタチ科の小動物）の間で飛沫感染するようになった、ただし感染したフェレットが死ぬことはなく、伝染力も二〇〇九年のＨ１Ｎ１ウイルスに比べ弱く、タミフルやＨ５Ｎ１用ワクチンも効果を示した、などと指摘していた。二〇一一年八月一八日に『ネイチャー』に投稿されたその論文は、秋には受理され、近々掲載される予定になった。

もう一つは、ロン・フーシエ（オランダのエラスムス医療センター）の研究チームによる、高病原性鳥インフルエンザのＨ５Ｎ１ウイルスを哺乳類間で感染できるよう改変する実験について報告したもので、二〇一一年八月三〇日に『サイエンス』に投稿された。

これらの研究は、Ｈ５Ｎ１ウイルスがどのように変異すると哺乳類の間で伝播するようになるかを明らかにしたものであるから、ワクチンの開発・製造を促進させるだろうし、ウイルスの監視活動により流行の兆しを見つけて素早い対応をとることもできるようになると考えられた。

これら二つの研究がアメリカの連邦政府の資金援助を受けたものであったことから、各科学雑誌による査読とはべつに、ＮＩＨ傘下にあるＮＳＡＢＢも独自の観点から論文を検討した。そして二〇一一年一二月、米厚生省に対し、実験の詳細などを削除して掲載するよう論文の著者や科学雑誌の編集者に勧告せよと伝えた。[17]

どちらの研究チームも、H5N1ウイルスを哺乳類に感染するよう人為的に変化させ、自然界に存在すると思われる「進化の障壁」を乗り越えたウイルスを作り出してしまった。その実験の詳細情報が広く世に出てしまえば、悪用されて壊滅的被害をもたらすかも知れないというのだ。

考えられるシナリオには、孤独なマッドサイエンティストや、自暴自棄になった独裁者、千年紀の世界終末を信じるカルト宗教のメンバーから、敵味方の区別なく破壊し尽くそうとする国家や、バイオテロリスト、無差別の狂気的行動まで、さまざまなものがある。こうしたことが起きる可能性は低いが、ひとたび起きれば、自然界には存在しない新しいH5N1ウイルスへと進化していく「種子」が環境内に持ちこまれたことになる。新しいウイルスがすぐにパンデミックを引き起こすとは思われないが、パンデミックへと至る進化の道を歩み始めることにはなるだろう。

研究から得られる恩恵よりも、ウイルスの悪用や流出事故などによるリスクのほうが大きいというのである。

(4) 研究者たちの対応

これに対し、研究チームのリーダーであり論文の筆頭著者でもある河岡は、こう反論した。悪用のリスクを低減させようと特定の情報を隠しても、まともな研究者が情報を得るのが難しくなるだけで、悪用しようとする者に対する防御策にはならないだろう。それに、自然界に広まっているＨ５Ｎ１ウイルスは絶えず変異しておりパンデミックを起こす可能性があるのだから、むしろデータを広く公開することで他分野の研究者の参入も促してインフルエンザ研究を迅速に進めるべきだ。

論文に実験手順の詳細を記すなどというＮＳＡＢＢの勧告は、研究論文から「追試可能性」を剥奪するものでもあった。他の研究者による追試が不可能となれば、論文に記された研究内容を客観的に確認するすべもなくなり、確実な知見を一歩一歩積み重ねていくという科学研究の営みが大きく損傷される。

米厚生省の勧告に法的拘束力があるわけではなかった。しかし河岡を含むインフルエンザ研究者たちは、翌年の一月二〇日、六〇日間の研究モラトリアムを宣言した。ＮＳＡＢＢが、かつてのアシロマ会議を想起しつつ「学問研究の自由と、潜在的危険から人類の利益を守ることとの間でどうバランスをとるか」、関係者の間でコンセンサスができるまでのモラトリアムを提言していた、それに応えたのである[18]。

世界保健機関（ＷＨＯ）も動いた。二月一六日と一七日の二日間、論文の著者たちはもちろん、同分野の他の研究者たち、インフルエンザウイルスの監視業務に携わる専門家など二十二名の関係者を招いて、「現実的で実行可能な暫定的解決策」を見いだすための会合をジュネーブで開いた。

著者たち（河岡らとフーシエら）はこの会合の後、論文を改定した。そして米厚生省は三月二九日と三〇日に再びＮＳＡＢＢの会合を開き、この改定版について対応を協議した。その結果、河岡らの論文は全員一致でそのままの発表が認められた。他方、フーシエらの論文は、悪用に導く可能性のある記述などをまだ含んでいるとして、そうした箇所が改定されれば発表してもよいと判定された。改定するならという条件付で公表に賛成したのが一二名、公表そのものに反対が六名という投票結果だった[19]。

NSABBが、何とか公開できるよう配慮した背景には、インフルエンザの大流行を防ぐのに国際的な協力が欠かせないという事情があった。インフルエンザ対策を大きく促進させる可能性のある研究成果にもかかわらず、その公開をアメリカが妨げたとなると、アメリカへの信頼が損なわれかねないと考えたのである。

そしてNSABBはアメリカ政府に対しても勧告した。デュアルユース性のある科学情報を、それを受けとるに値する人たちだけが共有できるようにする「有効で、現実的で、実行可能な仕組み」が早急に構築されるよう、国内的にも国際的にも努力を続けるべきだと強調したのである。

河岡らの論文は、五月にオンラインで、六月に雑誌上で公開された。他方、フーシエらの論文も六月に『サイエンス』誌上に掲載された[20]。

（5）核兵器との比較

二〇〇一年の炭疽菌事件により、バイオテクノロジーのデュアルユース性がなぜこれほどに大きな衝撃を生んだのか。その理由を理解するには、生物化学兵器の拡散問題に長年取り組んできたジョナサン・タッカーが言うように、バイオテクノロジーを核技術と比べてみると分かりやすい[21]。

原子力発電所で使用する燃料棒を製造するにあたっては、ウランを濃縮したり、使用済核燃料からプルトニウムを抽出するなど、一連の作業が行なわれる。それはしかし、核兵器を製造するための作業でもありうる。その意味で、ウランの濃縮技術やプルトニウムの抽出技術はデュアルユース性をもつ。とはいえ、核兵器に使用できるほど高濃度のウランやプルトニウムを製造するのは、原子力発電用の場合より技術的に難しく、時間と費用もかかる。それだけ高濃度のものが民生用途に必要とは考えられず、また天然に存在するはずもないので、濃縮や抽出の意図が核兵器の製造にあると判断することもできる。

他方、病原性のバクテリアやウイルスの場合は、自然界にも存在することが多く、しかも自己複製して増えるので、核物質のように国際機関が量を監視することで悪用行為を発見するという手法は使えそうにない。また医学研究や薬品製造など様々な用途に用いられるので、保管されている場所も大学や病院や企業など色々な場所でありうる。そのため存在場所から悪用の意図があると判断するのも困難である。そもそも病原性のバクテリアやウイルスの存在を、保管場所の外から突き止めることも、核物質の場合と違ってできない。研究や製造に使う装置や手法もありふれたものである。

民生用のものが軍事目的にも利用されうる、その意味でデュアルユース性を持つというとき、民生用のものが軍事用途に「転用される」という事態を想定するのが普通であった。前記の、平和目的の核技術が核兵器の製造に転用されるというのが、その典型的な例である。「転用」するには、そのための作業工程と時間が必要であるし、意図も露見してしまう。したがって、その作業工程と時間を利用して、転用を発見し、転用にストップをかけるという方策もとりえた。また、転用されるのが、装置や部品、原材料など「もの」であることが多いので、輸出管理の対象にするという対処も取り得た。さらに、転用にはそれなりの知識や技能を持った人員が必要なので、作業に従事する人員を管理することで転用を防ぐという方策もとりえた。

それに対し、バイオテクノロジーを駆使した科学研究の場合には、そこで得られる知識や手法が、「転用」という過程を経ることなく直ちに、すなわち新たな作業工程や時間をかけることなく直ちに生物兵器を生み出すことになりうる。知識や手法は「もの」ではないし、大学で生物学の教育を受けた程度の者であれば理解し使用することができるし、その人物の意図を状況から推測するのは困難である。だから、「輸出管理」や「従事者資格」などで対処するのもむずかしい。ここでは、平和目的と軍事目的とがまさに表裏一体なのである。

とはいえ核技術とバイオテクノロジーの両者には、タッカーは指摘していないが、それらの軍事利用を見るときの眼差しに共通点もあるように思われる。それは、どちらの技術も、テロリストや一部の無責任国家の手に渡って軍事利用されることには警戒の目を向けるものの、自国がその技術を対抗的兵器として開発し所有することや、ときには実際に使用する可能性さえあることを問題視することがほとんどない、という点である。現に、米国のNSABBが警戒するのも、もっぱらテロリストや無責任国家による「悪用」である。しかし、科学を軍事目的に利用しないという原則に立つのであれば、自国の軍による利用に対しても監視の目が向けられるべきであろう。

4　神経科学におけるデュアルユース

（1）サイボーグ動物

二〇〇二年にニューヨーク州立大学のジョン・チャピンらのグループが、次のような実験について報告した。ラットの脳に三つの微小電極を埋め込む。脳の体性感覚野にある、左右のヒゲからの情報を受け取る部位に左右一つずつと、脳の奥のほうにある、活性化すると快の感覚をもたらす部位に一つである。さらに、それらの電極に電気刺激を送る装置をラットに背負わせ、最大五〇〇メートル離れた所から無線でその刺激をコントロールできるようにした。その後、迷路の中にラットを入れ、まっすぐ前方に進んだり、ヒゲからの情報を受け取る左右の部位に電気刺激を与えたとき正しく左もしくは右を向いたならば、第三の電極に電気刺激を送って報酬（快の感覚）を与える。たとえば左側の体性感覚野を電極で刺激すると、ラットは左のヒゲに何かがさわったと感じて左を向く、そのときに第三の電極を通して快の感覚を与えるのである。

こうして条件づけしたあと、ラットを迷路の外に放す。すると三つの電極へ信号を送るだけで、垂直のはしごを登らせ、高所に渡した細い板の上を歩かせ、輪をくぐらせ、七〇度の急斜面を走り下りさせるなど、意のままにラットを操ることができた。ラットは、平均して毎秒三〇センチメートルの速さで、最大で一時間にわたって動き続けた。

これらの実験結果を彼らは『ネイチャー』誌に発表した。論文の最後で彼らはこう述べている。[22] この種の「誘導される動物」は、海馬の位置細胞について調べるなど神経生理学の基礎研究に有用であるし、都市で大きな災害が起きたときの捜索や救助、あるいは地雷の検出など、現実社会にも有益な活用先があるだろう。さらに次のような将来も予測した。


誘導されるラットは、電子センシングおよびナビゲーション技術と組み合わせることで、既存の可動ロボットとは違って自然界にもともと存在したものだからこその利点をもった、便利な「ロボット」に発展する可能性がある。さらに、脳の感覚情報を遠隔で受け取り、かつその情報を正確に読み取ることができれば、誘導されるラットは、可動ロボットと生物学的センサーの両方を兼ね備えた存在として機能することになるだろう。


つまり「ラットは二億年の進化の歴史を経てできあがってきた動物なのだ。もともと知能があり、しかも人工知能よりもずっとよくできている」というのである。

チャピンらの「誘導されるラット」はやがて、「ラット」と「ロボット」の二つを組み合わせ、「ロボラット」あるいは「ラットボット」と呼ばれるようになった。

この手法はラット以外にも拡大することができる。たとえばカリフォルニア大学のマハービズらのグループは、カブトムシの仲間の一つクビワオオツノカナブン（体長六センチメートルほど、重さ八グラムほど）の背中に小さな受信機を取り付け、手元の送信機から信号を送って、指示通りに飛び立たせ左右に旋回させることに成功した。カナブンの視葉（脳の一部で、視覚情報を処理する）と羽根を動かす胸部の筋肉にごく細い金属線を差し込んでおき、受信機で受け取った信号をそこに電気刺激として送り込むことで、カナブンを「操縦した」のである。成功を最初に報告したのは二〇〇九年であるが、彼らはその後、羽根を折りたたむ動作にしか関係していないと考えられていた筋肉が左右への旋回に重要な役割を果たしていることに気づき、カナブンをより精妙に操縦できるようになった[23]。

このような実験にどんな意義があるのか。神経科学の研究に貴重な手法を提供するものだ、と彼らは言う。たとえば、動物を紐などで束縛することなく自由に行動できる状態で研究することができるし、また動物の神経系と外部機器とのインタフェースについて研究するのにも好都合だという。そして「まず昆虫で詳細に調べることから始めれば、もっと高等な動物、たとえばラットやネズミ、そして究極的にはヒトについて研究するときに、失敗や過ちを犯さなくてもすむようになる」。動物の自由意志をどう考えるかなど多くの倫理的問題をさしあたり避けることができるとも言う。

もちろん実用的な意義もある。たとえば災害時にこの種のサイボーグ昆虫にヒトの体温を感知するセンサーを取り付けて飛ばせば、瓦礫の間に生存者が埋もれていないか探索することができる。「軍事的用途もたくさんあるだろう」とも言う。たとえば「建物や洞窟の中に人が何人いるか、それは誰か、［小さなカメラを付けた］サイボーグ昆虫を飛ばして調べ、そのうえで兵士を突入させる」ことができる。マハービズがこの研究を始めたきっかけは、二〇〇五年にサイボーグ昆虫をテーマにしたDARPA主催のワークショップに出席したことであり、彼の一連の研究はDARPAからの研究費を得て始められたのである。[24]日本の防衛省も、二〇一五年度の安全保障技術研究推進制度による公募研究テーマに「昆虫あるいは小鳥サイズの小型飛行体実現に資する基礎技術」を含めているように、こうした研究に関心を寄せている。

ヒトについても同様に遠隔からコントロールすることが可能である。大阪大学の前田太郎（まえだたろう）らのグループは、左右の耳の後ろにつけた電極から微弱な電流を流し、前庭（内耳の一部）を電気的に刺激することで、加速度の感覚や地面が傾いた感覚を知覚させるという実験を行なっている。この現象を「小型かつウェアラブルな情報提示インタフェース」として利用すれば、人の歩行を任意の方向に誘導したり（たとえば携帯電話に搭載されている目的地案内サービスに応用すれば、ユーザーは地図を見なくても目的地へと誘導される）、カーレーシング・シミュレーターでコーナーを曲がるときに加速度感を与えて臨場感を高める、などのことが可能になると前田らは考えている。他方で、たとえば戦闘機のパイロットを訓練するシミュレーターに用いて教育効果を高めるのに使うこともできるだろう。[25]

(2) ブレイン・マシン・インタフェース

神経科学（ニューロサイエンス）は、「脳を理解する」ことを目指して基礎的な研究を積み重ねてきた。ところが一九九〇年代に入ったころから、ニューロサイエンスの研究成果を土台に、「脳を活かす」ことを目指した研究・技術開発（ニューロテクノロジー）が急速に発展してきた。ブレイン・マシン・インタフェース（ＢＭＩ）に関する研究がその一例である。ＢＭＩとは、脳と外部機器（コンピュータ、ロボット、介護装置など）を、感覚器官などを通さず直接に接続するものである。

人工内耳は、ＢＭＩのもっとも成功した例だと言われる。マイクで拾った音声を電気信号に変換し、内耳（蝸牛）を経由せず直接に聴神経へ送り込むことで、内耳が未発達の人や内耳に障害がある人たちに聴覚を再建する。人工内耳は、外部機器の情報を脳へと送り込むタイプのＢＭＩである。パーキンソン病などにみられる不随意運動を抑制する治療法として近年行なわれるようになってきた、深部脳刺激療法も、情報の流れから言えば、外部から脳へというものである。

これらとは逆に、脳にある情報を外部機器へと読み出すタイプのＢＭＩもある。脊髄を損傷し手足を動かすことのできない人が、頭で「思う」だけでコンピュータのカーソルを動かしたり義手ロボットを動かす、などのことができるようになっている。脳内に埋め込んだ電極からの信号、あるいは脳血流や脳波の計測データをコンピュータで解読して、「思い」を読み取るのである。脊髄損傷や、脳卒中、筋萎縮性側索硬化症などで運動やコミュニケーションの能力を失ったときに、それを再建するのに利用することができる。また、リハビリテーションに活用することもできる。

このように、医療や福祉などの分野を中心に多くの可能性をもつＢＭＩであるが、軍事利用の可能性も否定できない。たとえば二〇一二年にＤＡＲＰＡが、デジタルカメラと人間の脳とを組み合わせた高性能な脅威警告システムを開発したと発表した。次のようなシステムである。

デジタルカメラで戦場をずっと撮影し、その画像をコンピュータで解析して、敵の人影など脅威と覚しきものが検出されたらその画像をモニター画面上に表示する。モニターの前には、兵士が脳波検出用のヘルメットを頭に被って座り、画面を見ている。ヘルメットからの信号は脳波解析用のコンピュータに送られ、そこでP300という脳波（事象関連電位）を検出する。P300は、脳が何か重要なことに気づいたときに発現する脳波で、本人が意識していなくても現われる。カメラからの映像をコンピュータで解析するだけだと、誤った警告（上空を飛ぶ鳥を人影と認識するなど）が一時間に八一〇回出現した。ところが右に述べたような形で人間の脳が介在すると、誤った警告が一時間あたり五回にまで減少したという。兵士は一秒間に一〇コマの映像を見せられたのに、この正確さであった。このシステムがもっと小型化されれば、兵士は眼鏡をかけ、そこに映し出される画像を見ているだけで脅威をすばやく発見することができる。兵士の負担が大幅に減り、それでいて周囲三六〇度の方向を数キロ先まで警戒監視できるなど能力も向上することになる[26]。

(3)『ネイチャー』誌の問題提起

ロボラットが発表された翌年の二〇〇三年、『ネイチャー』誌が「神経工学者たちの沈黙」と題する記事を掲載し、こう問題提起した[27]。

マシンと脳との統合は倫理的に複雑な問題を孕んでいる。チャピンらの研究グループは、ラットの脳に埋め込んだ電極に電気信号を送って身体の動きを制御することに成功した。モンキーの脳から直接に取り出した電気信号を使って、モンキーにロボットアームを操作させることに成功した研究グループもある。その研究に携わっている人たちは、研究成果がどんなことに役立つか、あれこれ夢を膨らませているようだ。たとえばロボットアームの実験について、画期的な人工四肢の開発につながる可能性があると言う研究者もいる。

しかし、と『ネイチャー』の記事は続く。「研究者たちは、自分たちの研究を資金面で支援してくれる人たちの意図についてもっと考えるべきではないか。アメリカの神経工学の研究はかなりの部分が、軍によりＤＡＲＰＡを通して資金援助されている」。軍が究極的に目指しているのは、脳に接続された電極を通して兵士に指令を送り、兵士の考えを電極を通して取り出し直接に（手足の操作なしに）マシンを動かす、といったシステムであろう。神経工学者はこうした研究目標を是認するのか？　神経工学の研究はこうしたことを可能にしうるのだから、これに反対する人たちと議論しあう必要があるのではないか。それなのに、ＤＡＲＰＡから資金をもらっている研究者の多くが、軍が期待するようなレベルのＢＭＩが実現するのはずっと先のことだと言って、議論することに積極的でない。しかし、有望な技術だからこそ今から議論を始めるべきであろう。ＤＡＲＰＡから資金を受け取り、医療分野にもたらすであろうメリットを語っているだけでは、充分でない。なるほど「議論してもコンセンサスは得られないかもしれない、それでもこの問題への研究者の関わり方が、より良質でバランスの取れたものにはなるだろう」。

『ネイチャー』編集者のこうした問題提起に対する反論が、同誌の七月二四日号に二つ掲載された。

一つは、かつてＤＡＲＰＡから研究資金を受け取って研究したことのあるカリフォルニア工科大学の研究者たち三人の反論である[28]。彼らはまず、こう指摘する。

現在の世界情勢のもと、十分に制御された軍が必要とされ、またその軍に倫理的な問題がないなら、この軍を基礎研究によって支援することに倫理的なディレンマがあるとは思えない。重要なのは、〝十分に制御される〟べきは基礎科学者でなく軍のほうだ、という点である。

また、いま現在ＤＡＲＰＡが支援しているのは秘密でも何でもない基礎研究であり、神経系の基本的な仕組みを明らかにしようとするものである。それが明らかになり、いざ現実世界に応用しようとする段階になってはじめて、その善悪が問題になる、とも言う。

もう一つの反論を寄せた、ＤＡＲＰＡの「防衛科学研究部門」に所属するスタッフも、同じようなことを言う[29]。ＤＡＲＰＡから研究費の支援を得て神経工学の研究を進める研究者たちが、倫理的な問題についてあまり議論しようとしないのは、倫理に関心がないからではなく、研究がまだ基礎的段階にとどまっているからだというのだ。

科学技術の研究開発に携わる者はその成果が社会に与える影響を考えるべきだとの主張に対し「基礎研究だから」という言辞で対応するという構図は、なにも日本だけで見られるものではなく、アメリカにおいても、そして過去においてだけでなく今も見られるのである。

神経科学（脳科学）の研究はその後も、ますます大規模に行なわれている。アメリカでは二〇一三年四月にオバマ大統領が「ブレイン・イニシアティブ」と題した構想を発表した。大学や政府機関、民間企業などが一丸となって、脳細胞や神経回路の複雑な働きを測定し理解するための新技術を開発し、脳機能と行動の複雑な関係を解明して、アルツハイマー病や心的外傷など脳神経疾患を治療し予防する方法の発見を目指すという、壮大な計画である。

もちろんＤＡＲＰＡもこれに参画し、いくつかの研究プログラムを推進している。その一つは、イラクやアフガニスタンでの戦争で心的外傷後ストレス障害（ＰＴＳＤ）にかかった米軍兵士を対象にして、脳内に埋め込んだ電極を通して脳内の活動を読み取るとともに、それをもとに適切な刺激を与えることで障害を改善しようという研究である。

この研究について取材しようとしたジャーナリストのジェイコブソンによると、被験者への取材が拒否されるなど、研究の実態は秘密のベールに包まれているという。関係者の証言や過去の事例などから推測すると、ＰＴＳＤ治療のための研究を一方で行ないつつ、他方では、無人兵器の開発に役立つような脳活動データを取得しているのではないかと言う[30]。天災や事故でＰＴＳＤに陥った人々を救うことにつながる研究と、戦争のための研究とが、まさに一体となって行なわれているのである。

もちろん、こうした状況に警鐘を鳴らす人たちがいる。アメリカでは、ジョナサン・モレノ（ペンシルベニア大学教授・生命倫理学）やマーサ・ファラ（ペンシルベニア大学「神経科学と社会」センター長）が積極的に発言しているし、欧州連合（ＥＵ）が「ヒューマン・ブレイン・プロジェクト」を進めるヨーロッパでは、イギリスのロイアル・ソサエティやナフィールド生命倫理評議会などが報告書を発表し、神経科学が孕む一般的な生命倫理上の問題のみならず、デュアルユース性（軍事利用の可能性）にも注意を促している。[31]

日本では、日本神経科学学会が二〇〇九年に倫理規定を改定し、ＢＭＩの取り扱い方にも言及した。しかしデュアルユース性の問題には言及がない。その一方で、川人光男（ＡＴＲ脳情報通信総合研究所所長・脳科学）と佐倉統（東京大学教授・科学技術社会論）が連名で二〇一〇年に「ＢＭＩ倫理四原則」を提案し、その第一原則で「戦争や犯罪にＢＭＩを利用してはならない」と規定している。[32]「米国でのＢＭＩ開発初期の資金がおもにＤＡＲＰＡ（国防高等研究計画局）から来ていたことを思い出せば、この規定が杞憂に基づくものではないことがわかります」としている。

彼らは、残り三つの倫理原則（本人の意思に反してＢＭＩ技術で心を読んではならないし、心を制御してはならない、また効用が危険とコストを上回ることを受益者が確認したときにのみ用いられるべきである）とともに、研究者・技術者のみならず社会全体が専門家とともに考えていくべきだとして四原則を提案したのだが、その後、関係者の間で広く議論された形跡はない。

5　学術界の反応

(1) 「決議三」のその後

日本物理学会は、一九六七年に成立した「決議三」について具体的にどう運用するか、その取り扱い方を七〇年代にかけて徐々に確立していた。しかし一九九五年七月、その取り扱い方の一部を変更する。[33]

まず、年会プログラムの冒頭に掲載していた、「決議三」の尊重を要望する文章を一部手直しすることにした。「文章の内容にいささかの変更もないのだが、これが一人歩きして」学会がさまざまな不利益を蒙ってきたからだという。具体的には次のような事情である。

日本物理学会は一九八〇年代半ばに、米国物理学会および欧州物理学会と国際協力について協定を結んだ。その際、「決議三」が障害になることはなく、むしろ米ソが冷戦状態にあったときだけに「平和憲法の主旨に沿った発想で、その精神を非常に高く評価するという意見が多かった」。しかし一方で、職業で人を差別するのなら国際学術連合会議（ＩＣＳＵ）の定める「研究発表の自由」の精神に反するのではないかという指摘が一部の外国人の間にあった。物理学会では遅くとも一九八〇年代半ばまでには、すべての会員に（軍関係の機関に属する者でも）研究成果の自由な発表を認めることが確立していたので、この種の誤解が生じないように表現を一部あらためたのである。それと同時に、年会プログラムの冒頭ではなく、学会誌の毎年一月号に改定版の文章を載せることにした。

また、学会が拒否するのは「一切の軍隊からの援助、その他の協力関係」ではなく、「明白な軍事研究」だとした。物理学会の会員が行なうような基礎研究も軍事研究と「連続的につながって」おり、「境界を定めることが出来ないから」だという。研究の内容が「明白な軍事研究」でない場合はもちろん、研究費が軍から出ていても、また研究者が軍に所属していても、「例えば武器の研究といった明白な軍事研究」でなければ、学会は拒否しない。さらに、運営委員会に軍関係者が数名入った程度の学術団体を軍関係団体等と認めることはしないとも決めた。こうした変更は、「国際的な慣行に従って国際対応をするために必要なこと」でもあったという。そして「明白な軍事研究」の範囲は理事会で判断することにした。

こうした変更にあたり、「決議三そのものを撤廃しようという意見はなかった」(伊達宗行・物理学会会長)という。

物理学会の「決議三」は、当初より学会の活動のみを規制するものであり、会員個人の活動を縛るものではなかった。その意味で「本質的にザル法」であったと言うこともできる[34]。とはいえ、会員が軍との協力関係を持つことに対し抑制的効果を持っていたことも否定できない。抑制効果があったからこそ、一九九五年の改定は「物理学会において、所属を問わずすべての研究者に会員の権利を認めるという基本姿勢と、軍との一切の協力関係を持たないとした決議三とをどう調和させて具体的運営を行うか」という課題に応える努力だったという、井野博満の言うような意見も出てくるのである[35]。

「決議三」に関する一九九五年の改定をこう評した井野は、東京大学が自衛官の入学条件を緩和したことにも同類の構造を見ている。

東京大学大学院の工学系研究科ではかねてより、公務員が博士課程に入学するには退職する必要があるとしていた。それを一九九四年度から、在職のまま博士課程に入学できるよう、規則を改定した。その際に、次のような申し合わせがなされた。志願者の修学ないし研究派遣の目的と研究内容を勘案して、その者の入学が「学問の自由を損なうおそれがあり、あるいは軍事研究を一切行なわないという本学の基本姿勢に反するおそれがあると認められる場合には、これを排除する。ただし、この措置は、特定の職業・身分にある者を、その理由により排除しようとするものではない」。

この当時に同研究科の教員だった井野博満はこの「申合せ」について、「職業による差別を行わず、かつ軍事研究を排除するという課題」に応えるものだったとしている。「申合せ」前半の「学問の自由を損なうおそれがあり」は、公安関係者が入学して諜報活動のための技術研究などを行なうことを想定したものだという。またこの「申合せ」は公務員に対してのみ適用されるものでなく、「官公庁と民間企業とのいずれを問わず」軍事研究と疑われる恐れのあるものは排除するものだと、審議の過程で確認されたという。

(2) 新たな動向への反対

二〇〇八年に成立した宇宙基本法に対しては、反対意見も少なくなかった。たとえば、アメリカ経済・核軍縮論を専門とする藤岡惇が「宇宙基本法の狙いと問題点」という文章を雑誌に発表し、包括的な批判を展開した[36]。

彼の批判点は五つある。第一に、宇宙政策を大きく転換することになる法案にもかかわらず、国会がわずか四時間の質疑を行なっただけで採決したこと。第二に、宇宙の軍事利用は「専守防衛の範囲内」でのみ行なうというが、具体的にどこまでが「専守防衛の範囲内」かが明確でないこと。「専守防衛の範囲内」という名のもとで、「宇宙の軍事利用は青天井となろう」と言う。第三に、宇宙の軍事利用はミサイル防衛（ＭＤ）を目指してのものであろう、しかしＭＤは「先制攻撃を促進する装置であり、対抗軍拡を呼びおこすことは避けられない」こと。第四に、「軍事機密のもとで自由な学問研究が窒息する」恐れがあること。そして第五は、宇宙産業は国庫に寄生・依存する体質が強く、利権の巣となりやすい、そのため宇宙産業と兵器産業との融合が進んで、軍産複合体が暴走する環境が整いかねないことである。

インターネットを使って法案への反対署名を募る「オンライン署名」の活動も行なわれた。この活動も含め、いろいろな人々が宇宙基本法の問題点として挙げたものは概ね、藤岡の挙げた五点に収斂するものだった。

二〇一二年にＪＡＸＡ法の改正案が国会で審議されるときにも、研究者たちの有志から反対の声があがった。反対理由は、国会請願オンライン署名「ＪＡＸＡ・フォー・ピース」の文書によれば次の五点である[37]。一、憲法の平和原則に抵触する。二、宇宙の軍事利用のさらなる拡大につながる。三、科学の公開性・民主性の原則が侵される。四、研究の自由の侵害につながる。五、一部の人たちの議論だけですすめられており、当事者であるJAXAの研究者・技術者、および国民の声が反映されていない。

一六〇〇名ほどの署名が集まり、国会議員に請願書を提出したものの、改正法は共産党と社民党および無所属議員の一部を除く圧倒的多数の賛成により成立した。

防衛省による安全保障技術研究推進制度に対しても、科学者から危惧の声があがっている。たとえば宇宙物理学者の池内了（いけうちさとる）は、防衛省がいくら「基礎研究フェーズ」を対象とした制度だと強調しようとも、「将来の装備品に適用できる可能性のある萌芽的な技術を対象とする」制度であることに変わりはないと指摘する。

また、研究成果を原則として公開できるとしているが、実際には研究者の思うとおりに発表できることが保障されておらず、秘密研究に巻き込まれることになりかねないとも言う。二〇一五年度の公募要領に、「研究成果報告書を防衛省に提出する前に成果を公開する場合には、その内容について、公開して差し支えないことをお互いに確認することとしています」（傍点は引用者）とあったからである。二〇一六年度の第二回目の公募では「お互いに確認する」という文言が削除され、「成果公表届」を提出すればよいと変更された。しかし、防衛装備庁に所属するプログラム・オフィサーと「調整」のうえで提出することとされており、「研究発表が完全に自由ではなく、必ず防衛装備庁のお伺いを立てねばならない」ことに変わりないと池内は言う。(38)

（3）採択された研究者の思い

それでは、安全保障技術研究推進制度に実際に応募した研究者はどう考えているのだろうか。

二〇一五年に応募し採択されたある研究者は、「応募するか非常に悩んだ。やはり軍事研究のイメージが強かった」から、と言う。[39] 彼の研究テーマは「ナノファイバーを利用した有毒ガス吸着シートの開発」で、極めて細い特殊な炭素繊維でフィルターを作り、その繊維自体で有害物質を化学変化させて無害化するというものである。「この技術を生かせば自衛隊員も民間人も命を守ることができ、自分の研究が世の中に役立つ」と考えて応募したという。採択した防衛省も「自衛隊の防毒マスクの軽量化につながる」などと高く評価している。

しかし、採択された研究者の心中は複雑である。応募したことを後悔していないとしながらも、「でも、この制度でなくても研究ができるなら応募はしなかった」と述べているからである。心理的な抵抗が大きかったであろうことが、うかがえる。

防衛省が資金提供する研究の公募に大学の研究者が手を挙げたくなる背景に、研究費がどんどん減少しているという事情がある、との指摘は多い。たとえば国立大学法人でみると、運営費交付金（法人である大学に対し、各校の収入不足を補うために国が出す補助金）が年々減少し、二〇〇四年度から二〇一五年度までに国立大学法人全体で一四七〇億円、率にして一二％減少した。運営費交付金はいまや人件費に充当するだけでほぼ無くなってしまう。大学ごとの事情の違いも大きい。たとえば経常収益に占める外部資金（競争的資金など）の割合を見ると、東大など多いところは三〇％ほどだが、少ない大学では一％ほどしかない。

このことから池内は、安全保障技術研究推進制度は「研究費の困窮につけ込んで軍事研究に誘い込む」ものであり、「研究者版「経済的徴兵制」」だと評する。[40]

しかし、安全保障技術研究推進制度に採択された研究者がみな、応募にあたって悩んだり、軍事研究に手を染めると思ったわけでもないようだ。「構造軽量化を目指した接着部の信頼性および強度向上に関する研究」というテーマで採択された私立大学教員が、新聞記者の取材に応えて、思いを率直に語っている。[41] 研究の内容は、民間航空機や、軍用機、ヘリコプターなどの機体に使われる炭素繊維強化プラスチックの強度と信頼性を高めるというものである。

彼も研究費の不足を応募の理由に挙げる。「大学からの予算は年一〇〇万円ですが、材料の強度を測る力学試験は一体七万円程度かかる。研究成果を出すにはデータの積み重ねが必要だが、現実は厳しく、学会への出張費もままならない」と言う。採択された結果、二年半に約三四〇〇万円の委託研究費を得ることになった。また「軍の研究というイメージはない。基礎研究なので、成果の適用先は国民的な評価を受ければいい」と言う。「研究費を頂いたうえに成果も原則公開できる。ありがたいというのが研究者の本音。たぶん来年は応募が殺到するだろう」とも語っている。

（４）日本学術会議が再検討を開始

軍事研究について、日本の研究者は全体としてどう考えているのだろうか。それを把握できる調査データはないのだが、ある程度の推測はできる。

二〇一五年に、防衛省や米国防総省などの資金提供による研究・開発を進めるべきかどうか、研究者にアンケートで質問した結果が発表されている。それによると、「進めるべきだ」が三六％、「進めるべきでない」が六四％だったという。[42] これは、国立試験研究機関に勤務する研究者を対象に行なわれた調査の結果である（回答数八七二、回答率は不明）。大学の研究者を対象に調査すると、また違った結果が出るかもしれない。それでもおそらくは、研究者全体の意見は割れているものと思われる。[43]

大学では、たとえば新潟大学が、防衛省による安全保障技術研究推進制度が設けられたのを機に、二〇一五年一〇月、大学の定める「科学者の行動指針」に一項を加えた。[44]「科学者はその社会的使命に照らし教育研究上有意義であって人類の福祉と文化の向上への貢献を目的とする研究を行うものとし軍事への寄与を目的とする研究は行わない」というものである。同大学の研究担当理事（高橋均副学長）が、「指針の解釈として「軍事に寄与する研究」をどう定義するかという問題は残る。今後の議論を避けるものではない」と述べているので、軍事研究と非軍事研究とをどう線引きするかで、苦労したのであろう。「「軍事と防衛は目的が違う」との意見を踏まえ、「軍事など」という表現は避けた」とも述べているので、防衛目的の研究は除外するという了解があるのかもしれない。

こうしたなか、二〇一六年五月に日本学術会議が、一九五〇年と六七年に発した「戦争を目的とする科学研究を行なわない」という趣旨の声明について、それ以降の社会条件の変化をふまえてどうするか、再検討すると発表した。「安全保障と学術に関する検討委員会」を設置し、二〇一七年九月までに結論を出すという。

新聞報道によると、大西隆(おおにしたかし)日本学術会議会長（豊橋技術科学大学学長）はこの検討委員会を設置するにあたり次のように語ったという。「戦争を目的とした科学研究を行うべきでないとの考え方は堅持すべきだが、自衛のための研究までは否定されないと思う。周辺環境が変わっており、長年議論もないことはおかしい。科学者は何をやってよくて何をやってはいけないのか、議論を深める時期に来ている(45)」。

なお日本学術会議では、二〇〇四年六月に法律が改正され、会員を選出する方法が再び改められた。学会・協会に推薦された人たちの中から会員を選出するのを止め、現会員が後任の会員を選出することになったのである。一九八三年に公選制から推薦制へと変更されるとき、学術会議への関心が低下すると学術会議自身が危惧していた。それと同じ方向に、さらに一歩進んだのである。この法改正をうけ、新聞にこんな社説が出た。「率直にものを言う学術会議が政府から疎んじられたのは間違いない。だが、影響力を失った原因はそれだけではない。学術会議のあり方にも問題がある。……何よりも考えなければならないのは、どうやって一線の学者たちの声をくみ上げていくかだ(46)」。それだけに日本学術会議がかつての声明を再検討するにあたっては、学術界あげての活発な議論を盛り上げていく必要があるだろう。

第6章　軍事研究の是非を問う——何をどこまで認めるか

1　これまでをふりかえる

（1）軍事研究を抑え込むことに成功してきたか

戦後の日本の学術界は、日本学術会議や科学者京都会議の声明、日本物理学会の「決議三」、名古屋大学をはじめとする研究機関での平和憲章の制定、あるいは軍事研究に反対するシンポジウムの開催など、さまざまな形で、事あるごとに、「軍事研究はしない」と表明してきた。「軍事研究にはいっさい従事しない」という決意、もしくは「できるものなら軍事研究に関わりたくない」という思いは、多くの研究者に共通するものだったろう。

ではは たして、実際に軍事研究を抑え込むことに成功してきたのだろうか。たしかに、一九五四年には中谷宇吉郎が米軍からの委託で雪の研究をしようとしたところ、科学界からの反対により少なくとも大学の実験室では実施できなかった。一九六七年には国内の多数の研究機関が米軍から研究資金を受け入れて研究していることが新聞で暴露され、ほとんどの研究機関が資金の受けいれを辞退することになった。一九八三年には防衛庁が光ファイバージャイロについて国立研究機関と共同で研究開発しようとした試みも断念に追い込まれた。本書でこれまで見てきたようにいくつも例があるのだから、日本の学術界は概ね、軍事研究を抑え込むのに成功してきたと言っていいのかもしれない。

しかし、「軍事研究はしない」という約束を、すり抜けて行なわれた研究があったことも否定できない。「事件」として表面化することなく行なわれていた軍事研究が少なからずあっただろうと思われるのだ。

たとえば、一九六〇年にはすでに工学系の雑誌『金属』にこんなことが書かれている[1]。日本学術会議は、一九五二年四月に破壊活動防止法が国会に上程されると、学問思想の自由が圧迫されるおそれがあるとして反対する声明を出したり、一九五〇年四月の総会で、戦争を目的とする科学の研究には今後絶対に従わないという決意の表明を行なったりしている。「だが、いうまでもなく、破防法は成立してしまったし、戦争を目的とする科学の研究もおこなわれている」。声明を出すばかりで実効があがっていないではないかと学術会議を批判する文章なのだが、ここでは、「戦争を目的とする科学の研究もおこなわれている」と明言されていることに注目したい。

一九六七年に日本物理学会で「決議三」が採択され、「日本物理学会は今後内外を問わず、一切の軍隊からの援助、その他一切の協力関係をもたない」ことになった。これが採択された直後、物理学会の会長は、軍から研究資金をもらうのがあたりまえになっているアメリカの研究者と共同研究ができないなど「物理学の発展にとってはマイナスも出よう」と述べて「茫然自失」に陥ったのだが、その後、これが日本の物理学の発展に大きな障害になった様子はない。第5章で述べたように、「決議三」はある意味でザル法だったからである。

一九八六年から八七年にかけ名古屋大学で、「いかなる理由であれ、戦争を目的とする学問研究と教育には従わない」などを内容とする「平和憲章」への署名活動が展開された。その過程で図らずも、「軍事利用につうずる研究」を現に行なっている者や、軍関係の機関からの研究資金を受け取っている者の存在が明らかになった。

また軍事企業では、軍事研究が当たり前の如くに――そこで働く個々の研究者の思いは別にして――行なわれてきた。一九八三年に出版された『兵器生産の現場』は、防衛庁の技術研究本部による兵器の研究開発がその多くを民間企業に依拠して行なわれている実態を描いている[2]。民間企業のもつ、民需用も含めた総合的な技術力（多くの研究開発費や人材、自衛隊のニーズの的確な把握など）に依拠して行なわれているというのだ。そして企業のほうでも、「もう、何だって作れます。時間と金さえいただければ」と言うほどの自信を持っているという。そうした現実があるからこそ、科学者京都会議の第五回目で、企業の研究者も含め「良心に従って身を退く」ことを可能にする制度的な保障が必要だと強調されたのである。そして大学や国の研究機関の研究者のなかにも、産官学連携などを通して、企業や防衛庁の軍事研究に直接もしくは間接に関係する人たちがいたはずである。

さきに、「軍事研究はしない」という約束をすり抜けて行なわれた研究もあったと、否定的なニュアンスで語った。しかし、そうして行なわれた研究ははたして軍事研究として「抑え込まれるべきもの」だったのだろうか。あるいはまた、本来は「抑え込まれるべきもの」ではなかったのに軍事研究だとして中止に追い込まれたものはなかったのだろうか。言い換えると、軍事研究と非軍事研究との線引きが適切に行なわれてきたのかどうか、再考してみる必要があるだろう。

(2)「研究費の出処」は妥当だったか

戦後の早い段階から行なわれてきた、そしてもっとも明快な線引きの方法は、研究資金の出処が軍(ないし軍に関連する機関)であれば、それは軍事研究だ、とするものである。

しかしこれに対してはつねに、軍は基礎研究にも研究費を出してくれることがある、という反論があった。軍は、軍事用途に直接的には(あるいは直ちには)繋がらないような研究に対しても研究支援をしてくれることがあるのだから、研究費の出処が軍だからというだけで一律に軍事研究とするのは、網を大きく張りすぎだ、という反論である。

こう反論する立場からすれば、中谷宇吉郎が一九五四年に「雪の結晶とエアロゾル」の研究を北海道大学で許されなかったのは、大きく張りすぎた網にひっかかった例であろう。実際、彼の研究に「ノー」を突きつけた低温科学研究所では、それ以降、研究費の出処だけで判断することをしなくなった。一九六〇年に、軍関係の研究に対しどう対応するかを研究所の運営委員会(教授会に相当)で議論し、「研究の内容、研究の自由、発表の自由が認められる限り、本人の自由意志を尊重してよ

い、その他の事情については個々の場合について審議したらよい」という方針に変更している。(3)

研究費の出処に注目して軍事研究か否かを判断するというやり方は、もう一つ別種の問題も孕んでいたように思われる。それは、「研究費の出処が軍でないなら、その研究は軍事研究でない」を自明のこととする傾向を生んできた、という問題である。そうした傾向のため、たとえば防衛庁が民間企業に兵器の研究開発を委託し、その民間企業と大学の研究者が産学連携で共同研究するという形式をとったものなどは、実質的に軍事研究であったとしても、研究費の出処が軍関係ではないゆえにほとんど問題とされてこなかった。

(3)「利用」にも制御が必要

さきに、防衛省の安全保障技術研究推進制度について紹介した。「ナノファイバーを利用した有毒ガス吸着シートの開発」のような、デュアルユース技術の開発に研究資金を提供する制度である。研究者がこの制度を利用することに対し次のような批判がある。「どう言い訳しても防衛省や軍事機関からの金を使えば軍事研究だ。大学で主体的な歯止めが期待できない以上、資金源で線引きするしかない(4)」。

研究資金の提供者と、その研究により得られた成果の利用者（利用目的）が、次頁の図（上）のように一対一で対応しているなら、「防衛省や軍事機関からの金を使えば軍事研究だ」ということになるだろう。しかし現実には、時代が進むにつれ図（下）のような対応関係へと変化してきている。軍の研究資金で得られた成果が民生利用されたり（スピン・アウト）、逆に軍以外の研究資金で得られた成果が軍事利用される（スピン・オン）という事態が起きているし、デュアルユース技術においては軍事利用と民生利用それぞれに向けた研究が相乗りしあうという事態が起きている。

それゆえ、軍の資金による研究はすべて軍事研究（軍事利用に向けた研究）だとして否定してしまうと、研究成果が民生利用されうる研究をも潰してしまうことになる。いわばゲートの閉めすぎである。その一方で、軍以外の資金による研究成果が軍事利用されることには注意が向かない。先に述べた、「研究費の出処が軍でないなら、その研究は軍事研究でない」という対応を生み出してしまうのである。

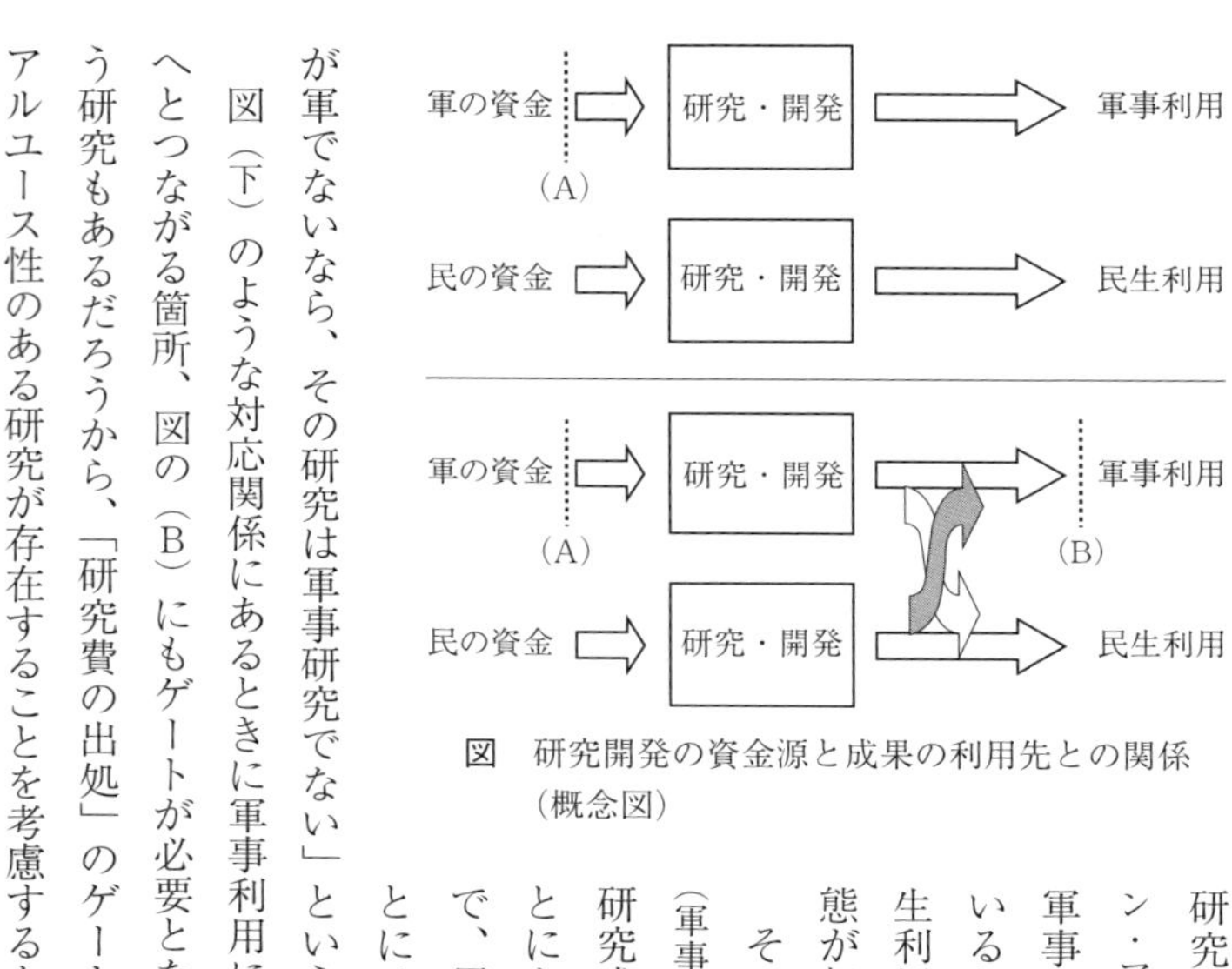

図　研究開発の資金源と成果の利用先との関係（概念図）

図（下）のような対応関係にあるときに軍事利用に制限をかけるのであれば、研究成果の軍事利用へとつながる箇所、図の（B）にもゲートが必要となる。そもそも軍事利用しか考えられない、という研究もあるだろうから、「研究費の出処」のゲート（A）が不要になることはない。しかし、デュアルユース性のある研究が存在することを考慮するなら、今までよりも開放度を大きくする必要があるだろう。そしてそのぶん、軍事利用につながる箇所のゲートをしっかり管理していく。図の（A）と（B）の二箇所で、いわば二本の手綱で、軍事研究（軍事利用に向けた研究）ならびに軍事利用をコントロールしていくのである。

「研究成果が利用へとつながる箇所にゲートを設けて管理する」という手法は、民生分野で普通に行なわれていることである。たとえば新しい医薬品が開発されても、それが実際に医療現場で使用される前に、安全性・有効性などが厳密にチェックされる。それと同様のことを、軍事への利用の場面で行なう、というのが上の提案である。軍事利用に先立ち、何を目的にそうした利用を行なうのか、その目的がほんとうに達成できるのか、倫理に反しないか、ほんとうに安全保障の向上に寄与しうるのかなど、さまざまな観点からチェックするのである。

第一次世界大戦で科学者たちは毒ガス兵器という残忍な兵器を作り出した。第二次世界大戦ではさらに強大な核兵器までも作り出してしまった。こうした事態を反省して、第一次大戦後にはバーナルらが「もしすべての科学者が反対するならば、戦争は不可能であろう」と述べ、軍事研究に手を染めないよう科学者たちに訴えた。第二次大戦後には日本学術会議が「戦争を目的とする科学の研究には絶対従わない」と宣言した。科学者や技術者は、「自分たちが兵器を作り出さない」ことで科学技術の軍事利用を防ごうとしたのである。

しかし時代が進むにつれ、「自分たちが兵器を作り出さない」にもかかわらず、科学技術の成果が駆使され兵器の高度化が進んだ。理由の一つは、科学者・技術者の層がぐっと厚くなった結果、大学の研究者を中心とする「自分たち」の歯止め効果が大きく減少したことであろう。第五回科学者京都会議のあとに田中正が指摘したように、「軍事研究開発を支える人たちは壮大なピラミッドを構成」するようになったのである。また、民生分野の研究成果がのちに軍事分野に転用されたり、あるいはデュアルユースの科学技術が用いられたりして、「自分たちが兵器を作り出さない」にもかかわらず兵器の高度化が図られるようになった。

こうしたことのため、「自分たちが兵器を作り出さない」という対応だけでは、戦争のために科学技術が利用されることを防ぐという、本来目ざしていた目標を達成できなくなっているのではなかろうか。軍事研究をしないと学術界が宣言し遵守するだけでは効力に限界があると思われるのだ。そこで考えられるのが、科学技術が戦争に「利用されないようにする」、つまり利用につながる箇所にも目を配るという方法である。アメリカでバイオテロを契機に設置されたＮＳＡＢＢは、まさにこうした役割を担うものの一例であろう。

（4）「科学者の社会的責任」をはたす仕組み

このアイデアは決して新しいものではない。これまで「科学者の社会的責任」と言われてきたものに、実は含まれている。たとえば、「名古屋大学平和憲章」を擁護するある人物が、当時次のように述べた。「科学それ自体に軍事用、民生用の明確なちがいがあるのでなく、その研究成果を人類が活用しようとするときに大きなちがいが生まれてくるのである」。つまり、利用の場面に注意を向けるべきだというのだ。そして彼は「問われているのは科学者の社会的責任である」と述べる。[5] ただ彼は、その社会的責任をいかにして果たすのか、言い換えれば、利用の場面で生じる「大きなちがい」をいかに管理するのかについては論じていない。

いま必要なのは、「科学者の社会的責任」という抽象的な命題を繰り返すのではなく、その責任を果たすための具体的仕組みを社会のなかにどう構築していくかを考えることではないだろうか。この点については、第３節の「専門家集団の知見の活用」の項でさらに検討しよう。

なお科学者の社会的責任は、個々の科学者だけでなく集団としての科学者すなわち科学者共同体も担うべきものであろう。したがって今を生きる科学者や技術者は、過去の人たちが生みだした科学技術についても、すなわち自分が生みだしたのではない科学技術についても、それがどう利用されるかに目を光らせ、社会的責任を果たさねばならない。そして、今の科学者や技術者が生みだすものについては、あとの世代の人々も管理に協力してくれる。だから、自分の研究成果が何十年も先にどう使われるか、そんなことまで責任をもてない、と心配する必要はない。

（5）「公表の自由」と軍事研究

軍事研究か否かを判断するにあたり、かりに資金の提供者が軍であっても研究成果の自由な公表が認められているなら、それは軍事研究でないとされてきた。軍事に関する諸々の情報は秘密にされるし、軍事力を高めるための研究も秘匿される。これは軍事の本性からして必定である。ということは、いうわけである。

秘密にされない研究は、軍事的に意味のないものということであり、したがって軍事研究ではないと

こうした主張自体に異が唱えられることはなかった。たとえば名古屋大学の「平和憲章」も、研究成果が正しく利用されるようにするため「学問研究と教育をそのあらゆる段階で公開する」とし、また自主・公開・民主の三原則を遵守すると謳った。

しかし「公表の自由」をもって、科学研究の成果が軍事目的に利用されることを防ぎきれない、と指摘されることもあった。たとえば田中正が一九八四年のシンポジウムで、「〝公開の原則〟は軍事研究に対処していく時の重要なよりどころではありますが、今日の科学・技術あるいは基礎科学と、その軍事的転用の接点がきわめて微妙であるため、この原則が万全でないことに十分留意すべきだと思います」と述べていた[6]。

公開の原則が万全ではないことを示す一つの事例として、田中はスタンフォード線形加速器センター（SLAC）での軍事研究反対運動を紹介している。一九八三年にSLACとスタンフォード・シンクロトロン放射研究所（SSRL）に持ち込まれた共同研究の提案――SLACの加速器で生成されたX線を使って、SSRLにおいてSDIに関連する研究を行なう――に対する反対運動である。

SLACの加速器は当時、世界最高水準の装置であり、新しい素粒子の発見など基礎物理学の分野でめざましい成果を挙げていた。そこに持ち込まれた今回の共同研究の提案は、いったんそれを受け入れればSLACが軍事研究に加担することになってしまうとSLACの研究者たちは考えた。そこ

で反対の声をあげ、ＳＬＡＣの所長に共同研究の提案を受け入れないよう申し入れた。

所長はしかし、公開の原則は維持できるとして提案を受け入れた。「すべての研究は秘密がなく、自由に公けにされるであろう。そしてＳＳＲＬの装置へは従来通りに自由に立ち入り可能である。……ＳＳＲＬで実施されるのは基礎科学的実験であり、兵器の試作のための実務的な測定は、ＳＳＲＬにおいてでなく、ＬＬＮＬ（ローレンス・リバモーア研究所）で行われるであろう」。これが、研究者たちの申し入れに対する所長からの回答だった。

つまり、ＳＬＡＣとＳＳＲＬで行なわれた基礎研究の成果が、ＬＬＮＬという別の研究機関——一九五二年に核兵器の研究開発を目的に設立された国立研究機関であり、「水爆の父」エドワード・テラーが所長を務めたこともある——で軍事に利用されることを、「公開の原則」では防ぐことができなかったのである。

しかしこうしたケースも、研究成果の「利用」の場面に注目するという観点に立つなら、二本めの手綱で管理・統制できる可能性が出てくる。

(6)「基礎研究だから」は妥当か

そもそも、基礎研究であれば（研究費の出処がかりに軍であっても）軍事研究ではない、という主張は妥当なのだろうか。

このような主張がなされる場合、基礎研究と応用研究を対にして、次のように理解されているのだと思われる。応用研究は、何か実用的なことを実現するため、あるいは何か具体的課題を解決するための研究である。すでに解明されている諸々の知識を、現実の課題に即して組合せたりさらに発展させることで、目的を達成しようとする。他方の基礎研究は、その応用研究に対し、基盤（ベース）となる知識や情報を提供するような研究であり、その研究自体が応用研究の目指すことを実現したり解決したりすることはない。基礎研究は、そのさらに先で展開される応用研究に引き継がれてはじめて、具体的な成果として結実するのである。したがって、軍事に役立つ具体的なものを作り上げたり、軍事上の具体的課題を解決することが軍事研究だとするなら、基礎研究そのものが軍事研究ということはありえない。

とはいえ、基礎研究と応用研究との関係は相対的なものであり、その境界ははっきりしない。また、ひとたび応用研究とされたものも、その先に展開される次の応用研究との関係で見れば基礎研究ということになり、「絶対的な応用研究」「絶対的な基礎研究」があるわけではない。しかも現実には、ある応用研究のための基礎研究という場合が多く、応用が視野に入っていない基礎研究はそれほど多くない。つまり、応用研究への接続を一切もたない単独の基礎研究はほとんどなく、多くは「応用研究とセットになった基礎研究」なのである。前項で紹介した、ＳＬＡＣとＳＳＲＬでの基礎研究とＬＬＮＬでの応用研究（軍事研究）の組合せなど、その典型的な例である。

このことは、「自分は基礎研究をするだけ、それがどう使われるかは関心の外だ」といった発言が必ずしも許されないことを意味している。基礎研究の結果を応用研究につなげるべく待ち受けている人がいるなら、基礎研究を行なった者は、「基礎研究とセットになった応用研究」の一端を担うわけである。したがって、その応用研究がもたらす結果に対し関心を払わなければならない。しかもその応用先が軍事という場合もありうるのだ。

結局、「基礎研究だから」だけを理由に軍事研究と無関係と言い切ることは、必ずしもできないと言うべきであろう。しかしだからといって、その基礎研究も軍事研究だとして、それを中止せよということにはならない。研究成果の「利用」の場面に注目することによって、基礎研究は阻害することなく、軍事目的の応用研究に対して必要な管理・統制を加えればよいのである。

(7) 文民統制との関係

上に述べた「利用につながる箇所でのコントロール」を、軍に対する文民統制（シビリアン・コントロール）との関係で考えてみよう。

軍に対する文民統制の必要性に異を唱える人はまずいないであろう。だがわれわれは、自衛隊に対する文民統制について、すなわち「自衛隊の統制や管理、あるいは防衛政策や自衛隊運用の方向性」を文民がいかに統制するかについて、議論らしい議論を積み上げてこなかった、それゆえ今こそ正面からそれを議論する必要がある、と政治学者の纐纈厚（こうけつあつし）は言う。(7)

軍隊と呼ぶに相応しい実力を持った自衛隊が現実に存在する以上、その自衛隊を規制する現実的な制度としての文民統制が充分機能しないことには、あまりにも危険が大きすぎる。第九条を中心とする現行憲法を護ることも大切だが、同時に精鋭の武力集団を監視・統制する民主的な制度を絶えず検証し、強化していくための議論や行動が不可欠であろう。

自衛隊と憲法との関係をどう考えるにしても、それとは別に、現実に存在する約二四万人の武装組織たる自衛隊を、民主主義社会のなかで文民がどのように統制・管理していくのか考える必要があるというのだ。

では、文民統制とは何か。自衛隊法の第七条に「内閣総理大臣は、内閣を代表して自衛隊の最高の指揮監督権を有する」とあり、第八条には「防衛大臣は、この法律の定めるところに従い、自衛隊の隊務を統括する」とあって、文民である首相や防衛大臣が自衛隊のトップに立つことが明確に定められている。さらに国民を代表する国会が、自衛官の定数や主要組織、装備などを法律・予算として議決し、防衛出動などの承認を行なうことになっている。

しかし、と纐纈は言う。文民が軍事統制にあたるという仕組みの存在することが文民統制の本質ではなく、「立法・行政・司法の三権と国民と、それぞれが軍事統制の資格と要件を備え、発揮すること」が重要なのだという。「国会や世論など文民統制を構成する要素」が、期待された役割を果たすべきなのだ。国民や世論までも、文民統制の一翼を担うとされていることに注意したい。一言で言えば、「民主主義を基本原理とする政治機構のあらゆる部門において、自衛隊を統制する役割期待が設定されている」のである。

だとすれば、科学技術の専門家集団にも、文民統制において担うべき役割があるのではなかろうか。自衛隊は、科学技術の粋を集めた兵器（装備品）を現に所有し、新たに調達しようとし、これまでにないものを研究開発しようとしている。そこにおいて科学技術の研究成果がどのように利用されているのか、あるいは利用されようとしているのか、環境に悪影響を及ぼすおそれはないのか、人権侵害になる可能性はないのか、そもそも安全保障の強化に貢献しうるのかなどについて、科学技術の専門家という視点から調査や評価を行ない、その結果を国会や国民に提供することが期待されているのではなかろうか。もちろん、安全保障に貢献しうるかなど事柄によっては軍事専門家や国際関係の専門家などとの連携も必要だろう。科学技術の専門家によるこうした活動があってこそ、文民統制が実質化しうるのではなかろうか。

言い方を変えれば、科学技術の専門家として自衛隊の文民統制の一翼を担う、それも科学技術者の社会的責任の一つ、ということである。したがって、たとえば軍事に利用される可能性のある研究（デュアルユースが標榜されている研究はその最たるものである）を進めるのであれば、その可能性について研究者としてどう考えるのか、社会に対し明確に説明する必要があるだろう。研究成果をどう使うか決めることは他の人に任せるという態度――かつて、マンハッタン計画に携わった科学者たちの大多数がとった態度――は、研究者としての責任を放棄するものというべきであろう。

もちろん自衛隊（防衛省）の側にも、明快な説明を提示する責務がある。たとえば研究費の支援をするのであれば、どのような知見を何のために必要としているのか、研究成果をどのような兵器（装備品）に活かし、それらをどのように運用する計画なのかなど、国民の前に明示すべきことは多い。文民統制に必要な情報は、おそらくほとんどが軍事機密に踏み込むことなく提供できる程度のものであろう。どうしても軍事機密にかかわる点があるというのなら、そうした情報を扱いうるような、然るべき制度を構築すればよい。

昨今、防衛省による安全保障技術研究推進制度が問題になっている。研究者がこれに応募することの是非がもっぱら議論されるが、そこでの研究成果を防衛省が何に使おうとしているのかを、文民統制の観点から議論することも必要なのではなかろうか。もし研究成果を軍事利用することに問題があるのなら、誰が研究を担うのかや研究資金の出処がどこかとは無関係に、また研究現場に秘密が持ち込まれる云々とは無関係に、その軍事利用は差し止められるべきであろう。また利用の面で問題がないのなら、研究資金の出処が防衛省であることに伴う研究現場への悪影響をいかに防ぐかという点などに、問題が絞られるであろう。

前の章で、『ネイチャー』誌上で二〇〇三年に展開された論争を紹介した。そのなかで、「軍からの資金で研究することは倫理的に問題があると考える」と言う研究者に対し、かつてＤＡＲＰＡから研究資金を受け取って研究したことのあるカリフォルニア工科大学の研究者たちが、次のように反論していた。「現在の世界情勢のもと、十分に制御された軍が必要とされ、またその軍に倫理的な問題がないなら、この軍を基礎研究によって支援することに倫理的なディレンマがあるとは思えない。重要なのは、〝十分に制御される〟べきは基礎科学者でなく軍のほうだ、という点である」。

この種の反論が日本において有効であるためには、自衛隊が十分に文民統制されていること、そして非倫理的でないことが確立されていなければならない（軍は存在すること自体が非倫理的であるという議論もあり得るだろうが、そうした議論だけでは現実の問題を解決することにならない）。

2　軍事研究はすべて否定されるべきか

（1）自衛のための軍事研究

ここまでは、軍事研究と非軍事研究をどう区別するのかという論点に注目して、軍事研究をめぐる論争をふりかえってきた。そこでは、「軍事研究はあってならぬもの、好ましからざるもの」ということを暗黙の前提としていた。

しかし、「軍事研究はあってならぬもの」という前提が適切なのだろうか、あるいは「軍事研究と呼ばれるもののうち、ある種のものは認めてもよいのではないか」、と問うこともできるだろう。たとえば次のような意見がある。(8)


デュアルユースとは平和利用および軍事利用の双方を念頭に置いたものを指す。難しいのは、軍事利用が即座に戦争利用になるとは限らないということだ。国民を守るため、愛する人を守るための専守防衛を目的としたものも、軍事利用に含まれる。はたして、これは「悪」だろうか。軍事利用を、専守防衛の枠に収まるものと枠をはみだすものとに区分けし、後者は「悪」だが前者はそう言い切れないのではないか、というわけである。

かつてドイツの科学者たちが構想した、「軍備改変を目ざす、マイクロエレクトロニクスを活用した技術」の開発研究も、いわば軍縮を目ざす軍事研究ということができよう。ドイツの科学者たちによるこの構想は、第五回科学者京都会議で話題になった。しかし日本でこの種の研究を認めると、再軍備が進みつつあるという日本の社会状況のもとではミイラ取りがミイラになりかねないとして、「軍縮を目ざす軍事研究」という発想自体が退けられた。もしこれが認められていれば、軍事研究と呼ばれるもののうちである種のものは是認する、という立場が登場することになっていたであろう。

(2)「自衛のため」の危うさ

自衛のための軍事力は必要でありそれを保持することは「悪」でないという立場に立てば、その軍事力を維持・向上するために科学技術を活用することや、そのために研究開発することが、頭から否定されることにはならないだろう。

とはいえ、さらに議論を詰めるべき点がある。まず第一に、「自衛のための軍事力」とは何かである。

日米安保条約の改定が問題になっていた一九五九年三月の国会で伊能繁次郎防衛庁長官が、自衛のためであれば、着弾距離が四〇キロメートルほどのミサイルに核弾頭を搭載して使用することは憲法上認められると発言した。そして岸信介（きしのぶすけ）首相は、他国の基地から攻撃された場合、飛行機で敵の基地を爆撃することは海外派兵にあたらず、憲法上認められると発言した。これら二つの発言を組み合わせると、自衛のためなら他国を核兵器で攻撃することもできるということにもなりかねない。当時の国会でも指摘されたように、「自衛のため」という一言は、際限なく拡大していく可能性を常に秘めているのである。[9] かつてレーガン大統領が言った。

> ……ソ連の戦略ミサイルが米国あるいは同盟国に達する前に、それを迎撃し破壊する能力が米国にあるから安全なのだと自覚して平穏に暮らせるとしたら、どうであろう?……かつて諸君「科学者・技術者」はわれわれに核兵器をもたらしてくれた。しかし今、その偉大な才能を平和的方向にふり向け、これらの核兵器を無力化し、時代遅れのものとする手段を開発して欲しい。[10]

大統領が科学者・技術者に訴えかけたのは、まさに自衛・防衛のための兵器開発であった。しかしこれぞ、SDI計画の開始を宣言する演説である。

SDIによりミサイル攻撃から国を守ると聞けば、飛来したミサイルを自国の近くで迎え撃つ様を思い描きがちである。しかしSDIのミサイル防衛は、敵国上に出かけて行って攻撃することを目ざしていた。相手国上空に配置した早期警戒衛星でミサイルの発射を検知し、打ち上げ後できるだけ早い時点で（すなわち自国の近くに飛来する前に、相手国上の宇宙から）迎撃しようとしたのだ。ミサイルの発射を確実に検知できるのは、赤い焔を出してミサイルが上昇する、発射からまもない段階（ブースト段階）だから、敵国上の宇宙から監視する必要がある。またミサイルがどんどん飛行してあとの段階になればなるほど、囮（おとり）をばらまかれるなどして迎撃が困難になるから、できるだけ早い段階で迎撃したいということになる。

つまり「自衛」を完璧にしようとすることは、「相手国上に出かけて行く」という攻撃的な側面を必然的に内包しているのである。

また、完璧なミサイル防衛システムを構築することは、実質的には先制攻撃体制を築くものだとも言われる。その理由はこうである。相手国がＩＣＢＭを発射してもそれを迎撃して無力化できる、完璧な防衛システムができたとしよう。すると、かりにこちらが先制核攻撃を仕掛け、相手国が反撃してきても、それから自国を守ることができる。つまり、先制核攻撃だって辞さないぞという威嚇が、単なる威嚇ではなく現実の「力」をもつようになる。そうなれば、せっかくの「力」を対外戦略に使おうとするのは自然の勢いだというのである。[11]

このように、自衛と自衛を超えるものとの区分は、危ういものと言わざるをえない。

（3）安全保障と軍事力

そもそも、軍事力は安全保障の一部でしかない。したがって、自衛のための軍事力に寄与する範囲内で軍事研究を認めるとしても、自衛のための軍事力の内容が確定されないと、すなわち自衛のための軍事力が安全保障政策のなかでどのように位置づけられるのかが明確にされないと、科学技術のどのような研究が認められるのか決まらないはずである。

しかし今の日本において、安全保障のあり方について、またその中に軍事力をどう位置づけるかについて、国民的な合意が得られているとは思えない。

国際政治学者の遠藤誠治（えんどうせいじ）らは、いま日本の安全保障を全面的に再検討する必要があると述べている[12]。その背景として彼らは、四つの事情を挙げる。一つ目は、中国が台頭し他方でアメリカが相対的に衰退するというパワーシフトが起こり、それにともなう変動が日本国内において生じていることである。二つ目は、軍拡を含む軍事的手段で安全保障を成し遂げるという考えが前面に押し出されるようになり、戦後優勢だった歴史観を修正しようとする動きも強まって、それらが「安全保障のディレンマ」を引き起こしかねない事態が生じていることである。

「安全保障のディレンマ」とは、自国の安全を強化する意図で行なった防衛的な措置が、相手国には攻撃的なものに映り、不安をかき立てられた相手国も同様の措置をとるため、結果的に自国の安全を損ねてしまうという逆説的なメカニズムである。

遠藤らが挙げる事情の三つ目は、地震などの天災や原発リスクを安全保障の枠組みの中に取り込む必要が出てきたことである。そして四つ目は、テロリズムの大規模化や、大量破壊兵器の拡散、そしてグローバリズムの進展（脅威に対し多くの国や組織の多様な協力が必要）などの新しい安全保障問題に取り組む必要が出てきていることである。

本書での議論に最も強く関わるのは、二つ目の点である。遠藤は言う。安全保障は軍事力によってのみ達成されるわけではない、したがって現在の東アジアのように国家間の相互不信が深い状況では、非軍事面での安全保障政策を多様な形で展開し、かつ軍事的な側面が他の側面を圧倒することのないよう工夫していくというのも重要な安全保障政策でありうる。そのためには、「安全保障といえば、国家が他国からもたらされる軍事的脅威にいかに対処するのかという問題であり、対外的な軍事的安全保障を確実なものとすることによって国民の生命や財産を守ることを意味するという伝統的な理解」から転換しなければならない。にもかかわらず今の日本では、「安全保障をめぐる論議は左右、リベラルと保守で両極化し、停滞している。その結果、どの政治勢力も現在日本が直面する安全保障上の課題に応えられていない」と遠藤らは言う。

けっきょく、かりに自衛のための軍事研究をよしとしたいなら、まずは安全保障のあり方について議論を深めることから始めねばならないのだ。

（4）「国の政策に従うのは当然」か

「自衛のため」や「安全保障のため」というフレーズには、それに対し異を唱えがたい魔力がある。

そのためか、何が自衛で何が安全保障なのかを曖昧にしたまま事態はどんどん先に進み、これでいいのかと立ち止まって考えることをしなくなってしまう。

国民として「国の政策に従うのは当然」というフレーズにも、それに類した魔力があるようだ。三菱重工で一貫して国産ミサイルの開発に携わってきた林弥一郎（はやしやいちろう）にかつて朝日新聞の記者がインタビューしたとき、こんなやりとりがあったという[13]。

ミサイルの開発や製造に関わる人たちの中には、外聞が良くないというので、近所の人に仕事の内容を尋ねられても、「いやなに、飛行機に乗っけるものを造っています」と答える技術者もいるという話を聞いた、と記者が林弥一郎に水を向けたときのことである。

「まさか。我々は国の方針に基づいて仕事をしているんです。国の方針の枠内で、防衛的な兵器を造ることを、なぜ、隠す必要があるんですか。私なら堂々と答えますね」

（中略）

——国の方針に従う、というけれど、国の方針が変わったらどうします？　核ミサイルを造れ、航続距離の長い攻撃型ミサイルを造れ、といわれたら……。

ややあって、林さんは口を開いた。

「考えたことはない。そういうことを考えたことは、全くありません」

記者は林弥一郎について、「野山に咲く花を愛し、休日には、その観察に打ち込む。質問に誠実に答えようとする姿勢にも、人柄がしのばれた」と書いている。だから、「考えたことはない」という答は、言い逃れなどでなく、ほんとうに考えたことがなかったのだろう。

このエピソードからわかるように、「国の政策に従う」という対応は、踏み込んで考えることを忘れさせてしまう。とくに「国の政策」が自分の感情や利害に合致する場合、多くの人はその「国の政策」を無批判に受け入れてしまい、あらためてその政策の適否を考えてみようとはしなくなる。言い換えれば、「国の政策に従う」という発言は、自分の感情や利害を正当化する隠れ蓑になっている可能性がある、ということである。

だとすれば、軍事研究の問題を考えるにあたっては「国の政策に従う」という次元にとどまるのでなく、その「国の政策」自体の適否を議論する次元にまで踏み込まなければならないだろう。

(5) 兵器とは何か

自衛のための軍事力を維持・強化するのに役立つような科学技術の研究は、軍事研究ではあるが許容してよいのではないか、という意見について考えてきた。従来は軍事研究をすべて否定してきたが、軍事研究のなかには許容してよいものがあるのではないか、という意見である。

これとは違って、軍事研究はやはりすべて否定されるべきである、しかしこれまで軍事研究だとされてきたもののなかには、本来は軍事研究に含めるべきでないものが入っていた、その点を見直すべきだ、というタイプの議論もあり得るだろう。軍事研究という言葉が、意味が茫漠としたまま用いられてきたため、規制が強くかかりすぎていた、というわけである。

日本物理学会が一九九五年に「決議三」の取り扱いを見直し、「例えば武器の研究といった明白な軍事研究」でなければ学会は拒否しないことを明確にしたのは、こうした対応の一例と考えることもできる。

軍事研究という語の外延を明確にすることは重要であり、意義のあることと思う。だが、そのときに用いる概念には十分な考慮が払われるべきである。

日本物理学会は、「例えば武器の研究といった明白な軍事研究」でなければ学会は拒否しないという。ここでは「明白な軍事研究」の典型例として「武器の研究」が挙げられている。では武器とは何だろうか？　人を殺傷できる強力なレーザービーム銃、あるいは核爆弾などは、誰しも武器だと思うだろう。武器とは、人間を殺傷したり物体を破壊することを直接の目的とするものにほかならない、と考えているからである。

加藤朗（かとうあきら）（桜美林大学教授・国際政治学）によると、兵器は四つのモジュールから成るという。[14] 一つは、銃弾や砲弾、ミサイルの弾頭など、ものを破壊し人を殺傷するモジュール「破壊体」である。二つ目は、銃や、砲、ミサイルなど、破壊体を目標に向けて発射するモジュール「発射体」である。三つ目は、車輌や、航空機、艦船など、発射体を据え付けて運ぶモジュール「運搬体」である。そして四つ目が、レーダーや、偵察衛星、コンピュータ・システムなど、破壊体・発射体・運搬体を体系的・効率的に運用するために、情報を集め命令を伝達するモジュール「運用体」である。

加藤は、兵器と武器を厳密に区別するのだが、[15] 物理学会が「決議三」の取り扱いに関連して述べている武器は、加藤の言う兵器に相当すると考えてよい。すると、物理学会がいう「武器の研究」、そしてわれわれが直感的に感じる「武器の研究」とは、破壊体や発射体について研究するものであろう。運搬体や運用体についての研究は、武器の研究に含まれないように思われる。

しかし、ことはそう単純でない。加藤は、兵器とはさきの四つのモジュールが一体となったものだと言う。かつて朝鮮戦争の時代には、戦闘機どうしが目視により機銃や機関砲で戦った。ところが今では、戦闘機の速度が上がって目視による戦闘が不可能となり、レーダーによる戦闘に変わった。コンピュータの画面上に現われた目標に対し、攻撃するかどうかの判断だけ乗員が行なえば、あとはコンピュータが適切な火力を判断し、ほぼ自動的に戦闘が展開される。ここにおいてはレーダーやコンピュータも、戦闘機やミサイルと一体になって兵器の一部を構成している。したがってコンピュータの性能を向上させることは、ミサイルの威力を向上させること、殺傷力や破壊力を向上させることに等しいのである。

また近年は、四つのモジュールのうちでも、とくに運用体モジュールでの変革が目覚ましいと言われる。そしてそれは、ＩＴ技術や情報科学の発展にともなって起きている「軍事における革命」（ＲＭＡ）と関係しているという。ＲＭＡとは、湾岸戦争においてアメリカ軍のトマホーク巡航ミサイルやレーザー誘導爆弾などのハイテク兵器、および統合目標監視攻撃システム（ＪＳＴＡＲＳ）などの情報処理システムが威力を発揮したことが契機になって形成されてきた概念である。[16]したがって、ＩＴや情報科学の分野における一見したところ軍事との結びつきが感じられない研究であっても、兵器の威力向上に役立つ可能性が高いのだ。

軍事研究の問題を考えるにあたり兵器（武器）という概念を使うのであれば、直感的な兵器の観念に依拠していてはいけないだろう。また武器輸出三原則にいう武器（軍隊が使用するものであって、直接戦闘の用に供されるもの）や、自衛隊法上の武器（火器、火薬類、刀剣類その他直接人を殺傷し、又は、武力闘争の手段として物を破壊することを目的とする機械、器具、装置等）などが、軍事研究の問題を考えるにあたって適切なのか（範囲が狭すぎないか）についても慎重に検討すべきであろう。

3　歯止めをどうかけるか

（1）一つの事例

さきに、科学技術が戦争に利用されないようにするべく「利用につながる箇所にも目を配る」ことを提案した。それは「科学者の社会的責任」を果たすことでもあり、そのための具体的仕組みを社会のなかに構築することが必要ではないかとも述べた。これらのことを、一つの事例で考えてみたい。

二〇一五年度に防衛省の安全保障技術研究推進制度で採択された研究課題の一つに、ＪＡＸＡによる「極超音速複合サイクルエンジンの概念設計と極超音速推進性能の実験的検証」というのがある。

「地上静止からマッハ五までの飛行速度範囲で作動出来る空気吸込式の極超音速複合サイクルエンジンの概念設計と性能の実験的検証を行うもの」だという。

ＪＡＸＡの航空技術部門は、航空宇宙技術研究所（ＮＡＬ）の系譜を継ぐ研究部門である。そのＮＡＬでは、一九八〇年代から、マッハ四以上の高速度域で作動する「スクラムジェットエンジン」の研究開発を進めていた。二〇〇二年三月末には、マッハ八でも正味の推進力（燃料の燃焼によって発生する推進力から、エンジンが受ける空気抵抗力を差し引いたもの）を生み出すエンジンの開発に、世界ではじめて成功した。

「スクラムジェット」とは、エンジンに吸い込んだ空気をあまり圧縮することなく超音速のままで燃焼させる方式のジェットエンジンで、おおむねマッハ四〜一五の範囲で作動する。したがって、その作動範囲以下の低速域では通常のジェットエンジンもしくはロケットエンジンを利用しなければならない。採択課題のタイトルにある「極超音速複合サイクルエンジン」とは、これらのエンジンを組み合わせたもので、これにより離陸から極超音速での巡航までを一つのエンジンで行なうことができる。

ＪＡＸＡでは航空技術部門において、超音速旅客機（巡航速度マッハ一・六、乗客数三〇〜五〇名、離陸重量七〇トン程度）や、極超音速旅客機（巡航速度マッハ五程度）の実現を目指して、機体の設計、高温に耐える素材の開発などと並んで、さまざまなエンジンの研究開発にも取り組んでいる。スクラムジェットエンジンの開発もその一つである。

マッハ五の極超音速旅客機が実現すれば、日本とアメリカ西海岸の間を二時間で飛行することができる。「移動時間が短縮されれば、ビジネスや観光の面から経済活動が活発になったり、災害時など緊急時の対応が迅速になったりして、より安心で豊かな社会になることが期待でき」るなどとＪＡＸＡはその意義を強調している。「更に飛行時間が六時間以内であれば、エコノミークラス症候群の発症が抑えられることから、誰でも今より気軽で楽な旅行ができるようになります」とも述べている。[17]これらを見る限り、まったくの民生用の技術開発である。

しかし防衛省の安全保障技術研究推進制度は、民生技術の中から防衛省独自の視点で有望なものを発掘し育てていこうというのであるから、そこで採択された研究課題は、民生に役立つだけでなく軍事にも役立つと考えられているはずである。

（2）極超音速飛翔体

アメリカは近年、「通常戦力による迅速グローバル打撃」（ＣＰＧＳ）の展開を進めている。地球上のどこにある目標でも一時間以内に非核兵器でピンポイント攻撃できるようにするものであり、戦略核兵器の使用が難しく（使用にあたってのハードルが高く）なる一方で敵の通常戦力での対応力が高まってきたことから、「使いやすい長距離攻撃能力」として追求しているものである。[18]

このＣＰＧＳの一環として、ＤＡＲＰＡと空軍、軍需産業は、連携して極超音速飛翔体（加速滑空体）の研究開発を進め、試験飛行にも成功している。弾道ミサイルを転用したロケットで飛翔体を上空に運び、そこで切り離して滑空させることで、極超音速で飛行させたのだ。飛行を制御しながら滑空するので命中精度を高めることができ、また現存の弾道ミサイル防衛システムで撃墜されにくい低高度の飛行ルートを選択することもできる。ロシアなどは核戦力の残存性を大きく損ねる潜在力を持つものだとして警戒し、新戦略兵器削減条約（新START条約）の交渉過程でも火種の一つになったという。

この極超音速飛翔体をめぐって二〇一四年二月、小原凡司（おはらぼんじ）が、「極超音速飛翔体の試射に成功した中国　問われる集団的自衛権のあり方」と題した論考を発表し、日本は平時にも集団的自衛権を認めるのかどうか議論する必要がある、と問題提起した。(19) 駐中国防衛駐在官だったこともある小原は、この論考を発表したときは東京財団の研究員・政策プロデューサーであった。

彼の主張はこうである。中国は二〇一四年一月、大陸間弾道ミサイルに搭載した極超音速滑空実験機（エンジンはなし、核弾頭を搭載可能）WU－14を上空で切り離して滑空させ、ニア・スペースとよばれる領域（高度一〇〇キロメートルあたり）で、マッハ一〇という極超音速で飛行させることに成功した。さらにエンジン搭載型にも成功したとの情報があるという。

一方アメリカは、中国による極超音速飛翔体によるアメリカ本土への攻撃を防ぐために、「海上自衛隊とともに新たな試みを始めていると聞く」と小原は続ける。アメリカ軍が運用するすべての衛星、艦艇、航空機、車両などをネットワークでつなぎ、そこに海上自衛隊のイージス艦も加えることで、発射された極超音速飛翔体をいち早く探知し、飛行ルートなども正確に把握し、最適な手段を選んで反撃するというのだ。この「一連の行動は、極短時間の内に起こる。ここに、人間が判断する余地はない」。海上自衛隊のイージス艦は、米軍の「ネットワークの意志によって、自動的に攻撃する可能性もあるのだ。一つ一つの事象に対して自衛権を行使できるのかどうかを判断している時間はない」。だから、平時にも集団的自衛権を行使するのかどうか議論しておくべきだ、と小原は言う。

さて、防衛省の安全保障技術研究推進制度の支援を受けた、ＪＡＸＡによる「極超音速複合サイクルエンジンの概念設計と極超音速推進性能の実験的検証」は、軍事的に大きな意味をもち安全保障のあり方をドラスティックに変えかねないこうした極超音速飛翔体の開発と、どう関係するのだろうか、あるいは関係しないのだろうか。

おそらくＪＡＸＡの研究者たちは、軍事利用のことは念頭になく、純粋に民生利用を想定して研究開発をしているのだろう。その一方で防衛省は、この研究を支援する以上、軍事的に有用（となる可能性がある）と判断しているのだ。

しかし日本が兵器としての極超音速飛翔体を開発することは、安全保障政策と整合的なのだろうか。もし整合的でないとするなら、一線を越えて研究開発が進むことのないよう、どのような予防策が講じられているのだろうか。極超音速エンジンや極超音速飛翔体の研究はまだまだ基礎的段階であり、軍事的利用は、ありうるにしてもずっと先のことなのかも知れない。仮にそうだとしても、検討開始のタイミングを逃さないために「たえず目を凝らしている人たち」が然るべきポジションに配置されているべきではないだろうか。

（3）専門家集団の知見の活用

この例からもわかるように、科学技術の「利用につながる箇所に目を配る」、あるいは科学者の社会的責任を果たすとは言うものの、そこで求められる判断はきわめて多面的であり、高度でもある。軍事利用される可能性を見抜かねばならないし、可能性があるとしたらどの段階でどのようにして軍事利用にストップをかけるか考えねばならない、そもそも想定される軍事利用は是か非かについて国際情勢や安全保障戦略なども考慮に入れて検討しなければならない。

だとすれば科学技術の研究者たちは、利用につながる箇所で目配りをして社会的責任を果たすための、国際関係や軍事などの専門家を含むプロ集団を擁する必要があるのではなかろうか。もちろん、個々の研究者が自分の研究と軍事との関わりに気を配ることは大切である。だが同時に、一人の研究者の視野は限られていると自覚することも大切であろう。

鈴木達治郎（すずきたつじろう）（長崎大学教授・核兵器廃絶研究センター長）も、「科学者・技術者の社会的責任にのみ」頼るのでなく、また「軍事研究の禁止」をただ言うだけでなく、「研究開発の進め方や、その結果がもたらす社会的影響を常に監視」するような「独立した研究評価制度や機関」を設立し、そこが出す「提言を社会意思決定に活かす制度」が必要ではないかと述べている。[20] こうした意見に筆者も賛成である。

鈴木はそうした機関の具体例として「米国にある Jason Study Group という科学者集団」を挙げている。「資金は主に国防省やエネルギー省からの委託によるが、報告書は公表され、軍事研究や軍事的意味をもつ民間の研究についても評価を行っている。最近ではサイバーセキュリティやセンサー技術、核施設の寿命延長技術等の評価を行っており、政府や議会の意思決定に大きく貢献している」と言う。

しかし、ベトナム戦争との関わりで問題となったジェイソンのかつての問題点が、はたして克服されているのかは慎重に検討すべきであろう。いまでも報告書のほぼ半数が機密にされていることや、国防省など「利害関係者」からの資金に依拠していることをどう考えるかも問題となろう。

（４）社会全体での議論

たとえばジェイソンのような専門家集団が提出する評価や提言を「社会的な意思決定に活かす」といったとき、専門家集団の提言がそのまま社会に押しつけられることになってはならない。かつてベトナム戦争の時に、ジェイソンが国民大多数の常識から大きく逸れた判断を下していたことを想起すべきである。

また科学者共同体がときとして「業界団体」として振る舞うこともある。第一次世界大戦後にアメリカ化学界のとった行動（第１章参照）がそうであるし、一九八三年秋にマサチューセッツ州ケンブリッジで非核条例が住民投票にかけられたとき、ハーバード大学の学長が、非核条例は研究の自由を侵すなどとする声明を発表したという出来事にも、そうした側面が現われている。[21]

専門家集団のこうした過去の振る舞いを考慮に入れるなら、専門家集団の提言をそのまま是とするのではなく、いったん「社会的な議論」の土俵に載せる、広く市民（非専門家）の意見も聞きつつ合意にまとめ上げていく、というプロセスが欠かせないと思う。つまり、専門家にすべての判断を丸投げするのではなく、根本的には国民が最終判断するのだという枠組みを崩さないことである。そのためには、何を専門家に委ねるのか、そして誰を専門家と認めるのかは国民が決める、という基本線を維持することが必要であろう。

（5）ホイッスルブロウイングとジャーナリズムの役割

いま現実にどのような研究が行なわれているのか、その研究の成果はどのように利用されるのか（あるいは利用されうるのか）、そして社会にどのようなインパクトを与えそうか。実際にその研究に従事している研究者は、こうしたことについて、よく知りうる立場にいる。社会は、そうした人たちの知見を最大限いかすべきであろう。その意味で、ホイッスルブロウイング（whistleblowing）を有効に活用したいものである。

ホイッスルブロウイングは「内部告発」と訳されることが多く、陰湿な雰囲気をともないがちである。しかしその本旨は「社会への問題提起」であろう。内部告発を受け付ける「窓口」が設けられている場合もあるが、ジャーナリズムと連携するのが有効な場合もある。

すでに見たように、ジェイソンの科学者たちがベトナム戦争に関連して行なった研究が人々に知られ、科学者と戦争との関わりについて大きな議論が巻き起こったのは、エルズバーグが内部告発し、ニューヨーク・タイムズなどの新聞各紙がそれを社会に広く知らせたからであった。

これはあまり知られていないようだが、ニューヨーク・タイムズなどが「ペンタゴン文書」の新聞掲載の可否をめぐって法廷で争っている間、一人の政治家が奇策を講じてもいた。アラスカ州選出の「きわめつきのハト派」とされる民主党上院議員が、リークされた「ペンタゴン文書」を、聴聞会が行なわれる議会小委員会の部屋で延々と読み上げた。こうすることで、「ペンタゴン文書」の内容が議会速記者によって記録され、議会文書という形に変わって公開されることを狙ったのである[22]。内部告発を側面から支援する活動だった。

アメリカで「ペンタゴン文書」が話題になっているちょうどその頃、日本では毎日新聞の西山太吉記者が秘密文書をもとに、沖縄返還をめぐる「密約」の存在を社会に知らせていた。しかし日本では、ジャーナリズムの連携も、真実を知ろうとする国民の熱意も弱く、関心の行く先が、肝心の「密約」ではなく西山記者による情報の入手法のほうに移ってしまい、せっかくの内部情報が充分に活用されなかった（密約の存在はその後、アメリカの公文書により裏づけられ、対米交渉を担当した当事者も証言で認めた）。

とはいえ戦後今日に至るまで、「それは軍事研究なのではないか」と議論が巻き起こったのは、ほとんどすべての場合、新聞報道がきっかけだった。その背後には、現場の研究者からジャーナリストへの情報提供があったことだろう。研究者とジャーナリストのこうした関係は、今後も健全な形で発展させていく必要がある。

(6) 専門家の問題提起も貴重

「社会への問題提起」の方法は、匿名での内部通報に限られない。軍事研究に携わる当の研究者が、その研究の問題点を社会に向けて発信するという活動も貴重である。一例を挙げよう。

ソフトウエア工学者のデイヴィッド・パーナスは一九八五年五月、国防総省の戦略防衛構想局(SDIO)が組織した「戦闘管理支援コンピューティング検討委員会」の委員に迎えられた。効果的な対弾道ミサイルシステムを展開するのに先だって解決すべき、コンピュータ・サイエンス上の問題を明らかにすることが、検討委員会に課せられた任務であった。

しかしパーナスは、六月に検討委員会を辞する。そして、委員であったときに執筆した八篇の論文を公表する。それらは、SDI用の信頼できるコンピュータ・ソフトウエアを作成することは原理的に不可能である、と詳細に論じたものであった[23]。

信頼できるコンピュータ・システムを作る唯一の方法は、まず使用し、エラーを発生させ、そして修正していくことである。ところがSDIのシステムではこれができない。現実的な条件のもとで実際にテストすることは核戦争を起こすことになってしまうからだ。これがパーナスの主張の中核であった。論文はさらに、SDIOの検討委員会のメンバーは「研究計画の継続によって利益を得る人々ばかり」で、実際に戦闘管理のソフトウエアを作ったことがあるなど問題を検討する上で必要な能力をもった専門家は一人もいない、とSDIOによる研究プロジェクト管理のあり方についても痛烈に批判していた。

パーナスと言えば、オブジェクト指向の基礎となるモジュール設計という概念を作り出した人物であり、ソフトウエア工学の第一人者であった。このときまで二〇年あまり防衛上のプロジェクトに関わり、軍用機用のリアルタイム・ソフトウエアの研究に携わってもいた。したがって彼は、自分の意見は「兵器開発一般に反対だからではなく、このプロジェクト［ＳＤＩ計画］に固有の特性に基づくものだ」と述べている。

パーナスのこれらの論文は、雑誌『アメリカン・サイエンティスト』や、米国計算機学会の雑誌『ＡＣＭコミュニケーションズ』などに掲載され、大きな議論を巻き起こした。パーナスの主張は「政治的反対を、ソフトウエアへの疑問という形でとりつくろったものだ」とか、「求められているソフトウエアはいまの技術で実現できる」と反論する者もいれば、パーナスを支持する者もいて、さまざまな意見が新聞や学術雑誌に登場した。

最終的には、ＳＤＩの実現可能性に対する懐疑的な見方が専門家の間で広がっていくことになるのだが、その結果はともかく、内部の事情にも精通した専門家が社会に向けて問題提起するという行動が、問題を社会全体で考えていくうえで重要な役割を果たすことを、この例はよく示している。

（７）研究者の知的好奇心

ハンス・ベーテは、核反応や星のエネルギーの生成に関する研究で一九六七年にノーベル賞を受賞した、アメリカの著名な物理学者である。第二次大戦中には、マンハッタン計画の理論部門のリーダーとして、原爆の開発・製造に大きな役割を果たした。生まれはドイツで、ナチスの台頭によりドイツの大学で職を失い、イギリスを経由して一九三五年にアメリカに渡ってきた。傑出した能力の持ち主ゆえ、「ナチス・ドイツが米国に与えてくれた最大の贈り物の一人」と評されたこともある。

そのベーテも、戦後は核武装の拡大に反対するようになる。かつては原爆の開発が必要だったけれど「今や事情が変わった」、原爆がひとり歩きを始めてしまった、と考えたからである。そして一九五〇年代六〇年代には、大統領の科学諮問委員会の一委員として核実験制限交渉を舞台裏で支える活動をした。レーガン大統領が一九八三年に打ち出したSDIにも反対した。迎撃システムの中核を担うものとして計画されていたX線レーザーが、技術的にうまく行くはずがないと考えたからである。

そのベーテのもとに、ある日、兵器設計に従事しているという一人の若者から手紙が届いた。「あなたはかつて、原爆の製造に熱中して成功なさいましたね、そんなもの実現できないよと年寄り連中が言っているなかで。その年寄り連中と同じことを今言わないでください。僕たちは自分のチャンスをものにしたいのですから」。若者はこう訴えていた。

科学者や技術者は現状に決して満足しない、可能性をとことん追求してみたくてうずうずするのだ。科学者は、ひとたび謎が解けても、もっと深く理解しよう、より基礎的なレベルから理解しようと、また新たな謎解きに挑み始める。技術者は、目標としていたことが実現しても、よりよいものを目ざして、また次の野心的な技術開発に挑み始める。

科学者や技術者のこうした性癖は、兵器開発と相性がいい。なぜなら、兵器の開発には「もうこれで完璧」という終わりがないからである。矛ができれば、それを防ぐ盾を考案し、それが実現すればその盾を突き破る矛を考え出す、この繰り返しである。

（8）軍からの研究支援の魅力

アメリカでDARPAの前身であるARPAが設立されたのは一九五八年である。前年にソ連がアメリカを出し抜いて初の人工衛星打ち上げに成功し、それに驚愕した（スプートニク・ショック）アメリカが、急いで自国の軍事的劣位を挽回しようとして設立したのであった。そのARPAは決して基礎研究を軽視しなかった。軍事に役立ちそうにない研究をも積極的に支援した。

ARPAのレクティン長官が、議会のある委員会でこう尋ねられたことがある。ARPAは「軍事に備えた（premilitary）研究を行なう組織」だと理解していいか、と。レクティンは答えた。

「軍事」という語が「必要」という語に変えられれば、そう理解していただいて結構です。

「必要に備えた（prerequirement）」研究を、必要性がないうちから行なっているのがARPAであり、軍の他の組織のように、必要性、それも軍事的な必要性が生じてからそれに応じようとしているのではない、というのである。レクティン長官はこうも言った。敵はたえず未来を見すえ、先進的な技術を追求している、だからARPAは、再びスプートニクのときのように米軍が技術的脅威にさらされることのないよう研究を行なっているのだと。[24]

軍は、敵より優位に立つために、科学技術の面でも敵より優位に立とうとする。それゆえ、ものになるかどうかわからない研究テーマにもできるかぎり資金援助を与え、可能性をみきわめようとする。他方、科学者や技術者は知的好奇心に駆られ、これまで誰も挑戦したことのない野心的なテーマに取り組んでみたいと強く思っている。だから、かりに失敗してもそれを許容してくれる資金提供者がいれば、こんなに嬉しいことはない。

こうした次第で、研究者にとって軍からの研究支援が大いなる魅力となる可能性は大きい。軍事研究を管理・抑制するにあたっては、こうした、研究者の好奇心と軍事研究との高い親和性にも留意が必要である。

(9) ガイドラインの限界

日本学術振興会は、二〇一五年二月、研究者向けの冊子『科学の健全な発展のために――誠実な科学者の心得』を発表した。科学研究のあるべき姿や誠実な科学者として身につけておくべき心得を、日本学術会議などの協力も得てまとめたものである。ウエブサイトで冊子を公開するほか、eラーニング教材としても提供している。[25]

その冊子に「機微技術などの安全保障輸出管理」と「デュアルユース（両義性）問題」と題した節がある。本書でこれまで検討してきたテーマと密接に関係する箇所である。

「機微技術などの安全保障輸出管理」の節では、基礎科学の分野であっても予期せぬ形で研究の結果が兵器開発に使われたりする可能性があるので、特に国際的な共同研究において機材や情報を提供するにあたっては、「外国為替及び外国貿易法」（「外為法」）に違反しないよう注意する必要がある、と述べている。

そして「デュアルユース（両義性）問題」の節では、本書の第5章で紹介した、鳥インフルエンザウイルスの研究論文の事例にも言及しながら、次のように述べている。「科学者は、自らの研究の成果が、科学者自身の意図に反して、破壊的行為に悪用される可能性もあることを認識し、研究の実施、成果の公表にあたっては、社会に許容される適切な手段と方法を選択する」ことが重要である。

いずれも、もっともな叙述であると思う。しかし現実に生起している事象には、もっともっと複雑な場合が少なくない。たとえば次のような場合はどうだろう。

二〇一〇年六月、小惑星探査機「はやぶさ」が七年ぶりに地球に帰還した。二〇〇三年五月に打ち上げられ、小惑星「イトカワ」にランデブーするまでは順調だったが、その後、機器の故障や通信途絶などさまざまなトラブルに見舞われた。それでも「イトカワ」表面の物質サンプルの採取を試み、予定より三年遅れて帰ってきたのだった。大気圏に再突入した「はやぶさ」は、サンプルの入ったカプセルを切り離して南オーストラリアのウーメラ砂漠にパラシュートで着陸させ、自らは燃え尽きた。カプセルに入っていた岩石質の微粒子を詳しく調べてみると、大半が「イトカワ」のものだとわかった。地球重力の圏外にある天体の表面に着陸し物質サンプルを持ち帰るという「サンプルリターン」

に、世界で初めて成功したのである。

数々の技術的トラブルに見舞われ一時は帰還が絶望視されながらも、それを乗り越え地球への帰還を目ざす「はやぶさ」は、多くの日本人の心をひきつけた。「はやぶさ」をテーマにした映画が二〇一一年から一二年にかけ劇場で上映され、その数なんと四作品にものぼった。

「はやぶさ」が地球に帰還してまもなく、ある雑誌の巻頭に「小惑星探査機「はやぶさ」が示した日本の潜在的軍事力」という記事が載った。その趣旨は次のようなものである。[26]

日本では、「はやぶさ」の科学技術上の成果が讃えられた。しかし諸外国の特に軍事筋は、日本はその気になればいつでも大陸間弾道ミサイルを開発し保有できるようになった、と認識したことだろう。信頼性の高い大型ロケット発射技術と、衛星を軌道に投入する技術を使いこなしており、「はやぶさ」の打ち上げに使われたロケットは固体燃料によるもので軍用に適している。「はやぶさ」の成功で、ミサイルの弾頭部分にあたるカプセルの大気圏再突入の技術（突入角度の調整や、突入時の高熱に耐える断熱材など）を確実にマスターしていることもわかった。カプセルの着地点は予定地点から何と一キロメートルほどしか外れていなかったのだ。大陸間弾道ミサイルに不可欠な核爆弾にしても、原子力発電の技術をもつから、その気になれば短期間に核爆弾そのものを開発し保有することもできる。

この記事を読んで、「まったくその通り」と思う人もいるだろうが、「えっ、そうなのか」と驚く人が少なくないだろう。日本では、宇宙開発が科学研究との関わりでのみ理解される傾向が強いからだ。

あるいは、「たしかに理屈の上ではそうだろう、衛星打ち上げロケットもミサイルも本質的に同じものなのだから。しかし現実問題としては考えすぎでは」と思う人も少なくないかもしれない。

この記事の著者は、かつて自衛隊で北部方面総監を務め、執筆当時は帝京大学教授となっていた志方俊之（しかたとしゆき）である。その志方はつづける。右のような事情から、諸外国が日本を見る目には厳しいものがある。したがって日本にとって最も賢明な道は、核兵器や弾道ミサイルを「持てるが持たない」ことを世界に明確に示し続けることだ、と。

では、そうした意思を示し続けるには、具体的にどうすればいいのだろうか。「持てるが持たない」ことを担保するにはどうすればよいのか。そもそも、それが本当に「最も賢明な道」なのだろうか。こうした問いも、デュアルユースに関わるものであり、軍事研究をどう管理・抑制するかに関わるものである。しかし問題の本性上、科学者・技術者だけで答を出すことはできないし、まして研究者向けの「ガイドライン」で対処することもできない。科学者・技術者の枠を越えて議論を喚起していくことが必要である。

4　科学技術の順調な発展のために

(1) オープンな研究環境を守る

二〇一三年一〇月、NASAはカリフォルニア州にあるエイムズ研究センター（NASAの研究施設の一つ）で翌月に開催される研究集会に中国人研究者の参加を認めないという決定を下した。決定の根拠は、ＮＡＳＡ施設内での中国人研究者との共同研究などにＮＡＳＡの予算を使うことを安全保障上の懸念から禁ずるという趣旨の、二〇一一年に連邦議会で成立した法律であった。

研究集会は、太陽系外惑星の探査を目ざし二〇〇九年三月にＮＡＳＡが打ち上げた宇宙望遠鏡ケプラーの観測結果に関するものである。それが安全保障とどう関係するというのかと、研究者たちは一斉に反発した。研究集会に参加する予定だった中国からの留学生を指導する大学教員や、アメリカやイギリスの天文学者などが、つぎつぎと研究集会のボイコットを表明した[27]。

ＮＡＳＡはまもなく、法律の解釈を誤っていた、法律が禁じていたのは中国政府あるいは中国企業との共同研究などであり、研究者個人との共同研究などに制約を課すものではなかったとして、先の決定を撤回する。しかしこの出来事は、科学研究における「公開原則」が、いまや国家安全保障といかに厳しく対立する関係にあるかを如実に示している。

科学における「研究の自由」あるいは「公開の自由」と「国家安全保障」との対立・相克という問題は、アメリカにおいてかなり長い歴史をもつ[28]。早くも一九八二年には、全米科学アカデミーなどが包括的な報告書「科学分野におけるコミュニケーションと国家安全保障」をまとめて発表していた。先に5章3節で言及した「コーソン・レポート」である。冷戦時代のものだけに、特にソ連に焦点をあてて分析し、次のような結論を導いていた。

科学研究は本来、オープンで国際的なものであり、アメリカの開放性がかえって強味になる。規制を広げれば海外の優秀な学生はアメリカの大学に来なくなり、大学の競争力を弱め、アメリカの科学技術の発展も阻まれる。国家安全保障や国家の繁栄は、安全保障にとって決定的な技術を除き、科学技術の自由なコミュニケーションによって達成されるべきである。秘密による安全保障より、多くのことを達成することによって得られる安全保障のほうが望ましい。

その後、冷戦が終焉し、ソ連に変わって中国が台頭してくるのに合わせて、今度は「みなし輸出規制」の強化が論議の的になる。「みなし輸出規制」とは、たとえば研究者が外国人と意見交換したり外国人にデータを渡したり、研究施設を見せたりしたあと、その外国人が出国すれば、知識やデータなどを外国に輸出したのと同じことになる、したがってそれらの行為を輸出と見なし、必要に応じ規制するというものである。

二〇〇五年、このみなし輸出規制を強化するという案が商務省から提案され、大きな議論になる。強化策の一つが、基礎研究もこの規制の対象にするというものであった。また、輸出規制の対象となっている機器を外国からの研究者や留学生が「使用」することも、みなし輸出規制の対象であることから、「使用」という語の定義をより包括的なものに変えることで規制を強化するというのも、提案の一つだった。「操作、設置、保守、修理、分解、および改造」から、「操作、設置、保守、修理、分解、または改造」（傍点、引用者）と変えることで、六つの行為のうちどれか一つに該当すれば規制できるようにしようとしたのである。産業スパイの防止を強く意識したものであるが、科学技術がデュアルユースであることから、軍事的な安全保障に寄与することも意図していたであろう。

しかし商務省のこの提案に対し産業界や学術界からは、反対の声が次々にあがった。規制の強化はかえってアメリカの競争力をそぎ、安全保障上もマイナスである、「広い範囲に形だけの壁を築くよりも、本当に必要なごく狭い範囲に高い壁を築くほうがよい」といった声が、大勢を占めた。商務省の強化案は実施が見送られたが、この種の議論は今後も続いていくことだろう。

（2）役割分担

さきのNASAでの事件が示すように、研究が「軍事」あるいは「安全保障」と関わり始めるとどうしても「秘密」が出てきて、研究の遂行にさまざまな障害が現われる。昔から指摘されてきたことがらである。かりにある種の軍事研究が避けられないのだとしたら、「秘密」に伴う弊害をいかに取り除くのか、あるいは減らすのか。これは避けて通ることのできない問題である。科学技術の発展を妨げることになれば、安全保障をかえって後退させることにもなりかねない。

たとえば、わが国で二〇一五年に制定された「宇宙基本計画」について、それは「安全保障一辺倒」であり研究開発を大きく阻害するものだとの指摘がある。NASDA副理事長や宇宙開発委員会理事などを務め、日本の宇宙開発の重鎮として活躍してきた五代富文（ごだいとみふみ）が言う[29]。

デュアルユースという性質を持つ宇宙科学・技術・利用では、classifiedとunclassifiedの境界が難しく、その基準指定と判定が政府でおこなわれるとなれば、無闇に論文を執筆、発表し、他の人と意見交換、討論することにも慎重にならざるを得ないでしょう。これでは新たな知見を得て、新しいアイディアや技術を考え出す気概も失せてしまいます。

宇宙開発利用についての構想・計画・体制づくりに参画してきた五代は、自らの体験をもとに、国内外の研究者たちとの交流、意見交換があったればこそ、最新の研究テーマを知り、新しいアイデアを生み出し、新しい宇宙計画を生み出すことができたと言う。ところが二〇一五年の宇宙基本計画で、JAXAの中に民生用の宇宙活動と隣り合わせで軍事用の宇宙活動が入り込むことになった。そのため、特定機密保護法とあいまって、基本計画は「日本の科学技術の発展にとって大きな障壁となる」という。こうした指摘の背景には、JAXAの主務大臣に文部科学大臣などのほかに内閣総理大臣も加わったことで、JAXAは安全保障に関わる業務などで内閣総理大臣の指示を直接に受ける体制になった、という事情がある。

科学技術分野のノンフィクション作家として活躍する中野不二男（なかのふじお）も、二〇一五年の宇宙基本計画は「防衛力強化のむき出し」だという。そして中野は、望ましい姿を提案する。

アメリカでは、デュアルユースのうち科学技術研究の領域はNASAが担い、安全保障領域は国防総省が担うという形で、棲み分けができている。ところが二〇一五年の宇宙基本法は、宇宙と航空に関する科学的あるいは技術的研究や開発、運用を担ってきたJAXAのなかに「防衛」という安全保障領域の活動を持ちこんだ。これでは学会活動も制約され、国際貢献や国際共同研究の妨げになり、日本の評価を落とすことにもなりかねない。「やはり防衛のための宇宙開発利用は、開発も含めて防衛省が担うべきだろう」。組織的な棲み分けを明確にし、そのうえで相互の協力関係を築くのがよい、と中野は提言するのだ[30]。

もちろん、科学技術を軍事に利用すること自体が問題だ、という批判もありうるだろう。また、きれいな棲み分けができるのか、できないからこそデュアルユース性が問題になるのではないか、という批判もありうるだろう。しかし、安全保障に関わる研究（軍事研究）が学術目的の研究開発に及ぼす悪影響を防ぐ、もしくは悪影響を減らす方策の提案として受け止めたい。

（3）けじめ

オープンな研究環境を守るために、研究者が、あるいは研究機関が、それぞれに「けじめをつける」ことも必要であろう。

アメリカの大学では、研究資金の多くを軍関係の機関から受け入れていると言われてきた。しかし大学が、それにともなう弊害を除去ないし減少させるために工夫を凝らしていたことは、あまり語られてこなかった。

物理学者の豊田利幸が、一九五二年にMITに滞在していたときの次のような体験を書き記している[31]。当時MITには、アメリカ海軍からの資金で製造した小型のシンクロトロン（電子加速器）があり、中間子を発生させて原子核・素粒子の実験を行なっていた。しかし研究者は誰一人、自分が軍事研究に関わっているとは思っていなかった。そのわけが、ＭＩＴの責任者の話を聞いてわかった。ＭＩＴが外部から受け取る資金は、軍関係からのものであれ企業からのものであれ大学当局が一括して管理し、大学が独自の判断にもとづいて学内の様々な研究グループに配分する、そうすることで「ひもつき」にならないよう配慮していたのだ。この方法が、委託研究などが多い現在に通用するかは疑問だが、大学の「努力」には学ぶべきだろう。

アメリカ大統領府の科学技術政策局で国際戦略や国際関係を担当した経歴をもつジェラルド・ヘインは、日本学術会議が「戦争のための科学研究をしない」という声明について再検討することにしたというニュースに関連して次のように述べている。[32] 研究成果を自由に公表することのできる（つまり機密指定されていない）研究はよいとしても、「機密に関わるのに機密指定されていない」（sensitive, but unclassified）という「グレイな」研究についてはは慎重に考えたほうがよい。こうしたカテゴリーの研究はアメリカの大学でも取り扱いに苦慮しており、まして日本には「行政指導」という手法があるので、「グレイな」研究も明確かつ透明なルールの管理下に置くべきだというのである。

なお、アメリカの大学には、機密指定された研究に対する大学としての方針を明確に定めているところが多い。たとえばシカゴ大学では、「研究に関する完全な自由と無条件での情報公開」に抵触するような研究資金は受け入れないし研究設備も使わせないことなどを大学の方針として明示している。ただしその一方で、機密研究が行なわれているアルゴンヌ国立研究所で研究すること、政府機関の顧問などに個人として就任し機密情報に接することなどを、国防総省の人物調査にパスしたならばという条件付で認めてもいる。[33]

ロボットの研究開発に関連しては、こんな動きがある。東大発のベンチャー企業シャフトは、グーグルに買収されるにあたり、軍事転用しないことを条件として提示したという。また筑波大学初のベンチャー企業サイバーダインは、開発したロボットスーツＨＡＬが軍事転用されるのを防ぐため、議決権の約九割を社長が保有し買収に備えているという。これらも、「けじめをつける」一つの方法であろう。[34]

一九八〇年代のアメリカで、生物兵器に関わる研究に関して、純粋に防衛のための研究ならば国防総省のもとでなくＮＩＨのもとで行なうべきだと主張する学者たちがいた。これなどは、国防総省に対し「けじめ」を求めるものだったと言うこともできよう。

（４）交流も大切

もし北半球で、ＴＮＴ換算一万メガトン相当のエネルギーを放出する核戦争が起きると、地球全体の気候や生態系、人間の遺伝などに、長期にわたりどのような影響を与えると予想されるか、全米科学アカデミーが発表したことがある。軍備管理軍縮局からの求めに応じ、大気物理学や、気候学、放射線生態学、農学、海洋物理学、生物学といった分野から五〇名を超える専門家が集まって検討し、その結果を報告書にまとめて一九七五年八月に発表したのである。[35]

その内容は概して楽観的だった。オゾン層が破壊されて地球上に降り注ぐ紫外線が増加し生態系が乱されるが二〇年で回復するだろう、北半球の中緯度地域では皮膚がんが四〇年間にわたり増加するが三～三〇％ほどだろう、また核爆発により岩石の破片や土が巻き上げられて成層圏に漂うだろう、その量は一八八三年にインドネシアのクラカトア火山が噴火したときの二倍ほどであり、気温の低下や日照不足により食糧生産が減少するだろうが、致命的なほどではない、といった具合である。

ところが一九八二年、ドイツのマックス・プランク化学研究所のパウル・クルッツェンとコロラド大学のジョン・バークスが共同で「核戦争後の大気――真昼の薄明」と題した論文を発表し、この予測に異を唱えた(36)。報告書が考慮していない、核戦争によって起きる火災に注目すると、まったく違った結果が予想されるというのである。

核戦争が起きると、都市や工業地帯、石油生産地、農地や森林で火災が起きる。そこで発生した煙がどのような挙動を示すか、彼らは詳細に分析した。そして、煙は対流圏に広がって数ヶ月以上、太陽光線を遮るだろうこと、海の生きものは死に、農作物も得られなくなるので、何とか核戦争を生きのびても食糧が手に入らないだろうこと、さらに光化学スモッグも起きるだろうし、成層圏のオゾンが失われれば事態はさらに深刻になるだろうことを明らかにした。

その翌年、アメリカの宇宙物理学者カール・セーガンらも、一連の物理モデルをもとにコンピュータで計算して、同じような結果を得た。こうした予測はやがて「核の冬」という名で知られるようになっていく。「水爆の父」エドワード・テラーなど「核の冬」を否定する人たちがいたし、現在でもいるが、他方、今日では「核の冬」の考え方を継承した「核の飢饉」という概念も登場するに至っている。

それへの賛否はともかく、このように、立場を異にする人たちがオープンに議論しあうというのは、批判されることで自分の誤りに気づくことができるという点で、また多くの人々に判断材料を提供することができるという点で、望ましいことである。

同様に、軍事ないし軍事研究に携わる人々と、それに反対する人々や危惧を抱く人々との間でも、オープンな交流があることが望ましいだろう。神経科学をめぐる倫理やデュアルユース性などについて盛んに発言するジョナサン・モレノも言う。(37)


民主的な社会が秘密主義の最小化を実現する方法は、国家安全保障諸機関を、より大きな、アカデミックな科学界に結びつけておくことだ。……［両者が］つながっていれば、両者が隔離されている場合に比べ、社会はずっと健全なものになるのだ。


軍事研究が軍の施設内で秘密裏に行なわれることになれば、一般の目に届かない「親方政府にだけ恩義を受ける科学者幹部集団」ができ、「強大な科学が国家に完全に掌握され、シビリアン・コントロールがまったく効かない」事態に陥るというのだ。

他方、日本の航空自衛隊・航空医学実験隊司令・空将補の山田憲彦（やまだのりひこ）もこう述べている。軍事を含む広範な科学技術研究に「関係する科学者や科学技術を管理するものの間で、オープンで具体的な議論を行う仕組みを構築していくことが、今後求められるものと考えられる」[38]。

山田のこの主張をもう少し敷衍すると、次のようになる。科学技術が著しく発展してきた結果、それが人類に悪い結果をもたらすのは、必ずしも兵器の形態をとってとは限らなくなってきた、その意味で「「凶悪な兵器への活用」への懸念は、今後はむしろ相対化される」、だから民軍の研究者が共通の土俵で議論することが可能になったし、必要にもなってきた。

凶悪な兵器に活用されることへの懸念が相対化される、という主張には賛成しない。しかしオープンで具体的な議論が必要だとの主張には賛成である。いま現に、防衛省の技術研究本部を司令塔にして軍事研究が進められている。それを社会がどう管理・統制していくのか、科学者のコミュニティがその管理・統制にどう関わるのか、そうしたことが今、問われていると思うからである。対話の機会は逃したくない。

注

第1章

（1）A. Einstein, "Address at the Fifth Nobel Anniversary Dinner", http: //www.americanrhetoric. com/speeches/alberteinsteinpostwarworld.htm.

（2）S. Tägil, "Alfred Nobel's Thoughts about War and Peace", 1998, https: //www.nobelprize.org/alfred_nobel/biographical/articles/tagil/

（3）廣田襄『現代化学史――原子・分子の科学の発展』京都大学学術出版会、二〇一三年、第四章。

（4）古川安『科学の社会史――ルネサンスから20世紀まで　増訂版』南窓社、二〇〇〇年、第一二章。本項の以下の記述はこの書に拠る。

（5）日本軍縮学会（編）『軍縮辞典』信山社、二〇一五年、二四〇。

（6）古川安、前掲書。

（7）山崎正勝・日野川静枝『原爆はこうして開発された』（増補版）、青木書店、一九九七年。古川安、前掲書。本項の以下の記述はこれらの書に拠る。

（8）J. Rotblat, "Leaving the Bomb Project", *The Bulletin of the Atomic Scientists*, 41 (7), 1985, 16-19.

（9）C.H. Bamford *et al.*, "Scientific Workers and War", *Nature*, 137, 1936, 829-830.

（10）J. Rotblat, *op. cit.*

（11）T. Terada, "Some experiments on spark discharge in heterogeneous medea — a hint on the mechanism of lightning discharge", *Scientific Papers of the Institute of Physical and Chemical Research*, 4, 129-160. ただしこの論文では、単に事故原因を解明するのでなく、火花放電のメカニズムの探求へと考察を一般化している。

（12）中谷宇吉郎「球皮事件」『冬の華』岩波書店、一九三八年、二五四—二六二。

（13）東京大学百年史編集委員会『東京大学百年史　通史二』東京大学、一九八五年。同前『東京大学百年史　部局史三』東京大学、一九八七年。本項の以下の記述はこれらの書に拠る。

（14）山崎正勝『日本の核開発』績文堂、二〇一一年。本項の以下の記述はこの書に拠る。

（15）山崎正勝「わが国における第二次世界大戦期科学技術動員——井上匡四郎文書に基づく技術院の展開過程の分析」『東京工業大学人文論叢』第二〇号、一九九四年、一七一—一八二。

（16）常石敬一『七三一部隊——生物兵器犯罪の真実』講談社（講談社現代新書）、一九九五年。本項の以下の記述はこの書に拠る。

（17）青木冨貴子『731』新潮社、二〇〇五年。

第2章

（1）日本学術会議（編）『日本学術会議二十五年史』日本学術会議、一九七四年。日本科学史学会『日本科学技術史大系　通史五』第一法規出版、一九六四年、第四章。日本学術会議に関する以下の記述はこれらの書に拠る。

（2）日本学術会議第九回総会での討論の様子は、「再軍備と対決する科学者」『日本評論』一九五一年五月号、九四—一一三の「速記録」に拠る。

（3）日本学術会議第一一回総会での討論の様子は、「論争「講和条約調印に際しての声明」をめぐって」『中央公論』一九五一年一二月号の「速記録」に拠る。

（4）朝日新聞、一九五〇年一二月一三日。

（5）朝日新聞、一九五〇年一一月九日、一九五〇年一二月一七日。
（6）ＮＨＫ放送世論調査所（編）『図説　戦後世論史』日本放送出版協会、一九八二年。
（7）ＮＨＫ放送世論調査所（編）、前掲書。
（8）吉岡斉「原子力研究と科学界」中山茂ほか（編）『通史　日本の科学技術　第二巻』学陽書房、七七―九三。
（9）朝日新聞、一九五四年四月一〇日、社説。
（10）「論争「講和条約調印に際しての声明」をめぐって」『中央公論』一九五一年一二月号。
（11）武谷三男「戦争と科学」『思想』一九五二年四月号、三六―四〇。
（12）勝本清一郎「平和論議」『中央公論』一九五一年一二月号、二二二―二二四。
（13）杉山滋郎『中谷宇吉郎――人の役に立つ研究をせよ』ミネルヴァ書房、二〇一五年、第六章。
（14）東晃『雪と氷の科学者　中谷宇吉郎』北海道大学図書刊行会、一九九七年、第六章。
（15）朝日新聞、一九五四年五月二二日。
（16）南塚信吾ほか（編）『新しく学ぶ西洋の歴史――アジアから考える』ミネルヴァ書房、二〇一六年。神田文人『昭和の歴史　第八巻　占領と民主主義』小学館、一九八三年。
（17）湯川秀樹「科学者の責任――ラッセル・アインシュタイン声明を中心として」『世界』一九六二年八月号、一四〇―一四六。
（18）http://www.mainaudeclaration.org/about.
（19）坂田昌一「会議がひらかれるまで」『世界』一九六二年八月号、一三〇―一三二。
（20）坂田昌一、前掲論文。
（21）都留重人「軍縮と経済」『世界』一九六二年八月号、一七五―一八六。
（22）読売新聞夕刊、一九五九年五月二九日。

(23) 小岩昌宏「東大における軍事研究反対闘争」『技術史研究』一三号、一九五九年一一月、七三―八二。
(24) 東京大学新聞、一九五九年八月一二日。
(25) 東京大学新聞、一九五九年九月一六日。
(26) 東京大学新聞、一九五九年九月三〇日。
(27) 東京大学構内で起きた「大学の自治」「学問の自由」にかかわる事件。一九五二年二月二〇日、東京大学の学生劇団ポポロが松川事件を題材にした演劇を教室で上演したとき、私服警官が会場にいるのを学生が発見し警察手帳を取り上げた。その手帳から、警察が長期的・恒常的に学生や教職員などの活動や思想傾向に関する情報を収集していたことが明らかとなり、戦前の特別高等警察の復活に反対し学問の自由を守る闘争へと発展した。他方、警察手帳を取り上げるときの「暴行」を理由に学生が逮捕され、その後二一年間にわたり裁判で「大学の自治」「学問の自由」が争われ、最終的に学生が有罪となった。
(28) 朝日新聞、一九五九年六月一三日。

第3章

(1) 朝日新聞夕刊、一九六七年五月一九日。
(2) 朝日新聞、一九六八年七月一日。
(3) 朝日新聞、一九六七年五月二五日。
(4) 『朝日ジャーナル』一九六七年六月一八日号、九一。
(5) 和気朗「傾斜する科学者の姿勢――日本の研究者と米軍の資金援助」『科学朝日』一九六七年八月号、一二四―一二五。「座談会日本の科学者への米軍の「資金援助」をどう考えるか」赤旗、一九六七年六月一〇日。
(6) 毎日新聞、一九六七年九月一〇日。

（7）『日本物理学会誌』一九六七年一〇月号。
（8）白鳥紀一「軍関係者と物理学会」『物性研究』一三（三）、一九六九年、二〇一―二〇四。
（9）東京大学新聞、一九六七年九月二五日。
（10）小出昭一郎「忘れられない事件――「決議三」提案の思い出」『日本物理学会誌』三三（一〇）、一九七七年、八八〇―八八三。
（11）白鳥紀一、前掲論文。
（12）市原麻衣子「アジア財団を通じた日米特殊関係の形成？――日本の現代中国研究に対するCIAのソフトパワー行使」『名古屋大学法政論集』二六〇号、二〇一五年、一九九―三一八。
（13）『日本物理学会誌』一九六八年一月号。
（14）東京大学新聞、一九六七年九月二五日。
（15）小沼通二「「決議三」についての理事会の対応」『日本物理学会誌』四七（九）、一九九二年、七三八―七三九。
（16）青木節子「宇宙のウェポニゼーション時代における国会決議の意味」藤田勝利・工藤聡一（編）『航空宇宙法の新展開――関口雅夫教授追悼論文集』八千代出版、二〇〇五年。
（17）衆議院外務委員会議録、一九六七年七月一三日。
（18）ＮＨＫ放送世論調査所（編）『図説　戦後世論史』日本放送出版協会、一九八二年、一六四。完全に同一の質問文による一貫した調査ではないので、個々の数値に重きを置くことはできないが、変化の傾向を把握することはできる。
（19）朝日新聞、一九六七年九月一九日。
（20）朝日新聞、一九六九年四月八日、一一月九日。
（21）衆議院文教委員会議録、一九八三年四月二七日。

(22) 防衛大学校五十年史編纂事業委員会（編）『防衛大学校五十年史』防衛大学校、二〇〇四年。

(23) ＮＨＫ放送世論調査所（編）、前掲書。

(24) 宮地健次郎「ベトナム秘密報告の意義（解説）」『ベトナム秘密報告　上』サイマル出版会、一九七二年、三一九。

(25) A. Jacobson, *The Pentagon's Brain: A Uncensored History of DARPA, America's Top Secret Military Research Agency*, Little, Brown and Company, 2015. ジェイソンに関する以下の記述は本書に拠る。

(26) A. Jacobson, *op. cit.*

(27) F.J. Dyson, R. Gomer, S. Weinberg and S.C. Wright, *Tactical Nuclear Weapons in Southeast Asia*, Institute for Defense Analyses, 1967, https://fas.org/irp/agency/dod/jason/tactical.pdf.

(28) A. Jacobson, *op. cit.*

(29) ニューヨーク・タイムス（編）『ベトナム秘密報告　下』サイマル出版会、一九七二年。

(30) A. Jacobson, *op. cit.*

(31) E.H.S. Burhop, "Scientists and Soldiers", *The Bulletin of the Atomic Scientists*, 30 (9), 1974, 4-8. "JASON: survey by E.H.S. Burhop and replies, 1973", in Samuel A. Goudsmit papers, Series III, Box12, Folder 114, http://repository.aip.org/islandora/object/nbla:AR2000-0092.

(32) M. Cini *et al.*, "Protesters vs Jason", *Physics Today*, April 1973, 12-13.

(33) 宮地健次郎、前掲解説文。

(34) 朝日新聞、一九七一年六月二五日。

(35) 宮地健次郎、前掲解説文。

第4章

（1）福田毅「日米防衛協力における三つの転機──一九七八年ガイドラインから「日米同盟の変革」までの道程」『レファレンス』二〇〇六年七月号、一四三─一七二。日本軍縮学会（編）『軍縮辞典』信山社、二〇一五年。佐藤明広『自衛隊史──防衛政策の七〇年』筑摩書房（ちくま新書）、二〇一五年。本項の以下の記述はこれらの書に拠る。

（2）「基盤的防衛力」とは、間接侵略（外国の反政府団体などからの物的・財政的・軍事的援助により、大規模な武装蜂起・内乱などが起きること）など小規模な侵略は独力で排除するものの、大規模侵略に対しては米軍の来援が来るまで持ちこたえられるような「平時における必要最小限の防衛力」であり、有事が発生した際に速やかに兵力を拡充するための基盤だとされた。

（3）防衛庁技術研究本部五〇周年記念事業準備委員会（編）『防衛庁技術研究本部五十年史』技術研究本部、二〇〇二年、http://www.mod.go.jp/trdi/data/50years.html. 技術研究本部に関する以下の記述はこの文献に拠る。

（4）朝日新聞名古屋本社社会部『兵器生産の現場』朝日新聞社、一九八三年。

（5）毎日新聞、一九九一年一月二八日。日本経済新聞、一九九一年二月二〇日。

（6）衆議院科学技術委員会議録、一九八二年四月二二日。

（7）防衛庁が計画したレーザージャイロは光ファイバー方式であり、宇宙開発事業団がすでに開発を進めていたリングレーザー方式とは原理・メカニズムが異なるものであった。

（8）朝日新聞経済部『ルポ　軍需産業』朝日新聞社、一九九一年。

（9）豊田利幸「核軍備競争の激化と科学者の役割──第五回科学者京都会議および第三四回パグウォッシュ会議の報告」『世界』一九八四年一一月号、一五六─一六七。

（10）田中正「軍事研究開発と科学者」『日本の科学と軍事研究──軍学共同問題全国シンポジウム報告』日本

科学者会議、一九八五年、一〇―一九。
(11) 瀬川高央「中曽根政権の核軍縮外交――極東の中距離核戦力（SS‐20）問題をめぐる秘密交渉」『経済学研究』五八―三、二〇〇八年、一六七―一八一。
(12) 「自然科学者は新しい核武装の危険について警告する――平和に対する責任を訴えるマインツ宣言」（横田伊佐秋訳）『日本の科学者』一八巻一一号、一九八三年、四二―四四。
(13) 朝日新聞夕刊、一九八四年一〇月一一日。
(14) 衆議院予算委員会議録、一九八五年二月五日、二月六日。
(15) 衆議院科学技術振興対策特別委員会議録、一九七一年三月一〇日。
(16) 衆議院予算委員会議録、一九八五年二月二一日。衆議院科学技術委員会議録、一九八五年三月二六日。
(17) 朝日新聞、一九八七年二月五日、二月六日。
(18) 名古屋大学平和憲章制定実行委員会（編著）『平和への学問の道』あけび書房、一九八七年。
(19) 朝日新聞、一九八七年六月九日。
(20) 名古屋大学平和憲章制定実行委員会（編著）、前掲書。
(21) 衆議院予算委員会第二分科会議録、一九八五年三月八日。
(22) 金田秀昭ほか『日本のミサイル防衛――変容する戦略環境下の外交・安全保障政策』日本国際問題研究所、二〇〇六年、八八。
(23) 読売新聞夕刊、一九八五年四月二日。毎日新聞、一九八五年六月二〇日。
(24) 日本経済新聞、一九八六年八月二九日、九月九日。
(25) 朝日新聞、一九八五年一一月九日。
(26) ＳＤＩに反対する天文学研究者の会事務局「ＳＤＩに反対する天文学研究者の声明署名運動の成果について」『天文月報』第八一巻第一号、一九八八年、二二―二三。「軍学共同反対連絡会ニュース」二〇一五年一

二月号、http://tousyoku.org/wp/wp-content/uploads/2016/02/126ad9af2e0a251af75844c8c1228ef9.pdf.

(27) 豊田利幸『ＳＤＩ批判』岩波書店（岩波新書）、一九八八年。

(28) 日本経済新聞、一九八六年八月二一日。

(29) 日本学術会議『日本学術会議　続十年史』日本学術会議、一九八五年。本項の日本学術会議に関する記述はこの書に拠る。

(30) 毎日新聞夕刊、一九八九年一二月二二日。

(31) 「北大・予研－米軍との細菌兵器開発に反対する会」の文書、一九九〇年一月二二日。

(32) C. Piller, "Ultimate Vaccines: DNA—Key to Biological Warfare?", *Nation*, 237 (19), 585 and 597-601.

(33) P. Kelley and J. Bull, "Army boosts germ-warfare study funding" and "GERM WARFARE: Danger may be from within", *The Patriot-News*, 28 June 1989.

(34) 有川二郎・橋本信夫「腎症候性出血熱」『ウイルス』、三六（二）、一九八六年、二三三—二五一。

(35) J. Powell, "A hidden chapter in history", *The Bulletin of the Atomic Scientists*, 37 (8), 1981, 44-52.

(36) 毎日新聞、一九八八年九月二〇日。

(37) 芝田進午「米国「生物戦争計画」と予研の「体質」」『エコノミスト』、一九八九年一一月一四日号、一八—二二。

(38) 毎日新聞、一九八八年九月二〇日。

第5章

(1) 衆議院予算委員会議録、一九九八年一二月八日。

(2) 青木節子「宇宙のウェポニゼーション時代における国会決議の意味」藤田勝利・工藤聡一（編）『航空宇宙法の新展開——関口雅夫教授追悼論文集』八千代出版、二〇〇五年。

（3）福田毅「日米防衛協力における三つの転機――一九七八年ガイドラインから「日米同盟の変革」までの道程」『レファレンス』二〇〇六年七月号、一四三―一七二。防衛問題懇談会「日本の安全保障と防衛力のあり方――二一世紀へ向けての展望」（樋口レポート）、http://www.ioc.u-tokyo.ac.jp/~worldjpn/documents/texts/JPSC/19940812.01J.html.

（4）日本経済新聞、二〇一二年六月二一日。

（5）S. Aoki, "Challenges for Japan's Space Strategy", *AJISS Commentary*, 34, 2008, http://www.globalsecuritynews.com/Japan/Aoki-Setsuko/Challenges-for-Japans-Space-Strategy.

（6）木部道也・小山正敏・長嶋満弘「二波長量子ドット型赤外線センサ」『光アライアンス』二六（一一）、二〇一五年、六―一〇。

（7）Department of Defense, *Dual Use Technology: A Defense Strategy for Affordable, Leading-Edge Technology*, 1995.

（8）『防衛技術ジャーナル』二〇一六年二月号、六三。

（9）阿曽沼剛「防衛省によるデュアルユース技術取り込みのための新たな仕組み――「安全保障技術研究推進制度」の創設について」*CISTEC Journal*, 一六〇号、二〇一五年、一〇―一七。本項の以下の記述はこの文献に拠る。

（10）クレイトン・クリステンセン『イノベーションのジレンマ』（増補改定版）、翔泳社、二〇〇一年。なお、"disruptive technology"や"disruptive innovation"における"disruptive"の訳語としては、「破壊的」でなく「攪乱的」「攪乱型」のほうが適切だとの意見もある（山口栄一『イノベーション――破壊と共鳴』ＮＴＴ出版、二〇〇六年）。

（11）D. Cyranoski, "Japanese academics fear military incursion", *Nature*, 7 May 2015, 13-14.

（12）B. Alberts and R. May, "Scientist Support for Biological Weapons Controls", *Science*, 298, 1135.

(13) Panel on Scientific Communication and National Security, *Scientific Communication and National Security*, National Academy Press, 1982, http://www.nap.edu/catalog/253.html.

(14) National Research Council, *Biotechnology Research in an Age of Terrorism*, 2004, http://www.nap.edu/catalog/10827.html.

(15) National Research Council, *op. cit.*

(16) Journal Editors and Authors Group, "Statement on Scientific Publication and Security", *Science*, 299, 2003, 114.

(17) NSABB, "Press Statement on the NSABB Review of H5N1 Research", 20 December 2011, http://www.nih.gov/news-events/news-releases/press-statement-nsabb-review-h5n1-research.

(18) WHO, *Report on technical consultation on H5N1 research issues*, 2012, http://www.who.int/influenza/human_animal_interface/mtg_report_h5n1.pdf. アシロマ会議とは、一九七五年に、生命科学者が世界各地から米カリフォルニア州のアシロマに集まって開催した会議。当時、開発まもない遺伝子組み換え技術で予期せぬ危険な生物が生み出される恐れが指摘されていた。そこで科学者たちは、作製した生物を実験室の外に出さない「封じ込め」などの安全策について相談した。研究の進め方に関し科学者が自主規制することに成功した例とされる。

(19) NSABB, *National Science Advisory Board for Biosecurity, Findings and Recommendations, March 29–30, 2012*, 2012, http://www.nih.gov/sites/default/files/about-nih/nih-director/statements/collins/03302012_NSABB_Recommendations.pdf.

(20) M. Imai *et al.*, "Flu transmission work is urgent", *Nature*, 482, 9 February 2012, 155. S. Herfst *et al.*, "Airborne Transmission of Influenza A/H5N1 Virus Between Ferrets", *Science*, 336, 22 June 2012, 1534–1541.

(21) J. Tucker (ed.), *Innovation, Dual Use, and Security : Managing the Risks of Emerging Biological and*

Chemical Technologies, The MIT Press, 2012.

(22) S. Talwar *et al.*, "Rat navigation guided by remote control", *Nature,* 417, 2002, 37–38.

(23) H. Sato *et al.*, "Remote radio control of insect flight", *Frontiers in Integrative Neuroscience,* 3, 2009, 1–11. H. Sato *et al.*, "Deciphering the Role of a Coleopteran Steering Muscle via Free Flight Stimulation", *Current Biology,* 25, 2015, 798–803.

(24) M. Maharbiz, "Cyborg Beetles", *Scientific American,* 303 (6), 2010, 94–99.

(25) National Research Council, *Opportunities in Neuroscience for Future Army Applications,* The National Academies Press, 2009, Chapter 7.

(26) M. Tennison and J. Moreno, "Neuroscience, Ethics, and National Security : The State of the Art", *PLOS Biology,* 2012, 1–4. S. Anthony, "DARPA combines human brains and 120–megapixel cameras to create the ultimate military threat detection system", 2012, http://www.extremetech.com/extreme/136446–darpa–combines–human–brains–and–120–megapixel–cameras–for–the–ultimate–military–threat–detection–system. S. Jesus, "The advantages of the cognitive technology threat warning system (CT2WS)", 2015, https://natalinoblog.wordpress.com/2015/03/26/the–advantages–of–the–cognitive–technology–threat–warning–system–ct2ws/.

(27) "Silence of the neuroengineers ; Researchers funded by a defence agency should stop skirting the ethical issues involved", *Nature,* 423 (6942), 2003, 787.

(28) D. Rizzuto *et al.*, "Military–funded research is not unethical ; The key is to ensure that it is the military rather than the scientists who are regulated", *Nature,* 424, 2003, 369.

(29) A. Rudolph, "Military : brain machine could benefit millions", *Nature,* 424, 2003, 369.

(30) A. Jacobson, *The Pentagon's Brain : A Uncensored History of DARPA, America's Top Secret Military*

Research Agency, Little, Brown and Company, 2015.

（31）ジョナサン・D・モレノ『マインド・ウォーズ――操作される脳』アスキー・メディアワークス、二〇〇八年。A. Chatterjee and M.J. Farah (eds.), *Neuroethics in Practice : Medicine, Mind and Society*, Oxford University Press, 2013. The Royal Society, *Brain Waves Module 3 : Neuroscience, conflict and security*, The Royal Society, 2012. Nuffield Council on Bioethics, *Novel neurotechnologies : intervening in the brain*, Nuffield Council on Bioethics, 2013.

（32）川人光男・佐倉統「ブレイン・マシン・インタフェース――BMI倫理四原則の提案」『現代化学』二〇一〇年六月号、二一―二五。

（33）伊達宗行「決議三の取扱い変更について」『日本物理学会誌』五〇（九）、一九九五年、六九六。「決議三に基づく諸慣行の変更について」『日本物理学会誌』五〇（九）、一九九五年、七六五。白鳥紀一「「決議三」採択の経緯など」『日本物理学会誌』四七（九）、一九九二年、七三一。上村洸「国際社会での「決議三」」『日本物理学会誌』四七（九）、七三六―七三八。

（34）吉岡斉「ベトナム戦争と軍学協同問題」『通史　日本の科学技術　第三巻』学陽書房、一九九五年、三三〇―三四三。

（35）井野博満「大学と軍との関わりについて――物理学会決議三の社会的意義」『日本物理学会誌』五〇（一〇）、一九九五年、八二三―八二五。

（36）藤岡惇「宇宙基本法の狙いと問題点」『世界』二〇〇八年七月号、二九―三二。

（37）http://no-military-research.a.la9.jp/jaxaforpeace/.

（38）池内了『科学者と戦争』岩波書店（岩波新書）、二〇一六年。

（39）毎日新聞、二〇一六年五月二三日。

（40）池内了、前掲書。

(41) 毎日新聞夕刊、二〇一五年一二月二四日。
(42) 池内了、前掲書。
(43) デュアルユースの問題に関心をもつ「市民」を対象とした調査でも「賛成と反対が二分された」という。ただしこの調査にもサンプルバイアスがある。川本思心「デュアルユース研究に対する市民の意識～シンポジウム参加者を対象とした質問紙調査と先行調査から～」『科学技術コミュニケーション』第一九号、二〇一六年、一三五―一四六。
(44) 毎日新聞（新潟地方版）、二〇一五年一一月三〇日、http://mainichi.jp/articles/20151130/ddl/k15/100/031000c.
(45) 毎日新聞、二〇一六年五月二一日。
(46) 朝日新聞、二〇〇四年六月一三日。

第6章

(1) 山村馨・高橋昇・小暮剛正「動脈硬化したか学術会議」『金属』三〇（三）、一九六〇年、一―八。
(2) 朝日新聞名古屋本社社会部『兵器生産の現場』朝日新聞社、一九八三年。
(3) 杉山滋郎『中谷宇吉郎――人の役に立つ研究をせよ』ミネルヴァ書房、二〇一五年。
(4) 毎日新聞、二〇一六年五月二三日の記事「軍事研究の指針未整備　「軍民両用」戸惑う大学」に引用されている池内了の発言。
(5) 神田晴雄「名古屋大学「平和憲章」と大学の社会的責任――批判者への反論にもふれつつ」『前衛』一九八七年年七月号、二六五―二七五。
(6) 田中正「軍事研究開発と科学者」『日本の科学と軍事研究――軍学共同問題全国シンポジウム報告』日本科学者会議、一九八五年、一〇―一九。

(7) 纐纈厚『暴走する自衛隊』筑摩書房（ちくま新書）、二〇一六年。
(8) 中野明『東京大学第二工学部――なぜ、九年間で消えたのか』祥伝社（祥伝社新書）、二〇一五年。
(9) 参議院予算委員会議録、一九五九年三月九日。
(10) President Ronald Reagan, "Address to the Nation on Defense and National Security", 23 March 1983, http://www.atomicarchive.com/Docs/Missile/Starwars.shtml.
(11) 豊田利幸『SDI批判』岩波書店（岩波新書）、一九八八年。
(12) 遠藤誠治・遠藤乾（編）『安全保障とは何か』（シリーズ日本の安全保障、一）岩波書店、序章および第一〇章。
(13) 朝日新聞名古屋本社社会部、前掲書。
(14) 加藤朗『兵器の歴史』芙蓉書房出版、二〇〇八年。
(15) 加藤は、「武器が集団の武装の目的のためにシステムの一部として多数の人間が組織的に使用する場合には兵器」になる、とする。たとえば銃は、個人が持っている限り単なる武器であるが、軍隊が銃を持つとそれは集合的な意味で兵器に変わる、というわけである。
(16) 高橋杉雄「RMAと日本の防衛政策」石津朋之編『戦争の本質と軍事力の諸相』彩流社、二〇〇四年、第九章。
(17) http://www.jaxa.jp/projects/aero/index_j.html.
(18) 日本軍縮学会（編）『軍縮辞典』信山社、二〇一五年、三三一。
(19) 小原凡司『中国の軍事戦略』東洋経済新報社、二〇一四年。小原凡司「極超音速飛翔体の試射に成功した中国、問われる集団的自衛権のあり方」http://wedge.ismedia.jp/articles/-/3604.
(20) 鈴木達治郎「科学技術の軍事転用問題を考える――「両義性（デュアルユース）に留意する」とはどういうことか」『WEBRONZA』朝日新聞社、二〇一五年二月二七日。

(21) "Atomic Research Ban Is Opposed by Bok", *The New York Times*, 26 October 1983.
(22) 朝日新聞夕刊、一九七一年六月三〇日。
(23) D.L. Parnas, "Software Aspects of Strategic Defense Systems", *Communications of the ACM*, 28 (12), 1985, 1326-1335.
(24) A. Jacobson, *The Pentagon's Brain*, Little, Brown and Company, 2015.
(25) https://www.jsps.go.jp/j-kousei/data/rinri.pdf; https://www.netlearning.co.jp/clients/jsps/top.aspx.
(26) 『軍事研究』ジャパン・ミリタリー・レビュー、二〇一〇年八月号。
(27) J. Krige, "National security and academia: Regulating the international circulation of knowledge", *The Bulletin of the Atomic Scientists*, 70 (2), 2014, 42-52.
(28) 加藤洋子「科学技術の教育・研究、人の移動とみなし輸出規制：米中関係の文脈で」『国際問題』五六七号、二〇〇七年、二四―三三。
(29) 五代富文「新宇宙基本計画へ学会声明を期待」二〇一五年、http://www.soranokai.jp/pages/newKihonkeikaku_gakkai.html または http://www.soranokai.jp/images/newsletter302.pdf.
(30) 中野不二男「これでいいのか「新・宇宙基本計画」：日本独自の有人宇宙開発を諦めるのか」『Voice』二〇一五年五月号、一八四―一九一。
(31) 豊田利幸、前掲書。
(32) G. Hane, "Tread carefully on dual-use research", *The Japan Times*, 3 Jun 2016.
(33) https://ura.uchicago.edu/page/classified-research.
(34) http://diamond.jp/articles/-/47246. http://newsphere.jp/business/20140327-8/.
(35) *Annual Report: Fiscal Year 1975-76*, National Academy of Sciences, 1976, 40-43.
(36) P.J. Crutzen and J.W. Birks, "The Atmosphere After a Nuclear War: Twilight at Noon", *Ambio*, 11 (2-3),

1982, 114-125.
(37) ジョナサン・D・モレノ『操作される脳』アスキー・メディアワークス、二〇〇八年。
(38) 山田憲彦「デュアルユース・ジレンマの拡大と課題」四ノ宮成祥・河原直人（編著）『生命科学とバイオセキュリティ――デュアルユース・ジレンマとその対応』東信堂、二〇一三年、第一章。

おわりに

本書を執筆するきっかけは、昨年、評伝『中谷宇吉郎』を上梓したことにある。雪や氷の研究者として知られる中谷宇吉郎は一九五四年、米軍から委託された研究（米軍が研究費を提供する研究）を北海道大学の低温実験室で行なおうとして大きな論争を巻き起こした（本書の第2章）。彼を批判する人たちは、米軍から資金が出る以上、それは軍事研究だと言う。対する中谷は、資金の出処は軍だが基礎研究だから軍事研究ではないと反論する。中谷は結局、北海道大学で実験することを諦め、運輸省傘下の研究所で実験を行なうことにした。すると、米軍の資金による研究であることは変わらないのに、学術界からの批判は急速にしぼむ。

こうした事実に、私は割り切れないものを強く感じた。軍事研究かどうかを研究資金の出処だけで判断することが適切だったのだろうか。基礎研究なら軍事研究でないと言えるのだろうか。また「軍事研究反対」とは大学での研究だけを対象にするものなのだろうか、などと。しかし答えを見いだせないまま、とりあえず筆を措いたのであった。

同書を公にした後も、軍事研究をめぐって様々な出来事がつづいた。その一つが、二〇一五年度から開始された、防衛省による安全保障技術研究推進制度である。デュアルユース（軍民両用）技術を開発するための基礎研究に防衛省が研究資金を提供するというものである。公募に対し、一〇九件の応募があった。

採択された研究者のなかには、「自分としては、あくまで民生利用を念頭に研究する」のだと、「デュアルユース」を前面に出す人たちがいた。しかし、なにか弁解のように聞こえる。防衛省は、軍事利用を目指した研究だと明言しているからだ。だからといって、防衛省でなく文部科学省からの資金で研究すれば問題が解消するわけでもなかろう。また、このように言う人たちもいた。「いまや時代は変わった。平和のため、防衛のため、安全保障を強化するための軍事研究はむしろ必要だ」。時代の気分は、たしかにこんなふうである。しかし、平和のため、安全保障強化のために軍事研究を推進するという考えに、何か論理の飛躍のようなものを感じる。

こうしたもやもやを解消しようと取り組んだのが、本書の執筆である。軍事研究をめぐって戦後の日本で繰り返されてきた論争を振り返り、その流れのうえに、安全保障技術研究推進制度など、いま軍事研究をめぐって起きている出来事を置いてみようと考えたのである。そうして到達した、現時点での私なりの考えが、本書の第6章である。

いま世の中では、AI（人工知能）や自動運転車の話題が花盛りである。今年の春には、ディープラーニング（深層学習）という手法を使ったAIが、世界最強ともいわれるプロ棋士に四勝一敗の成績をおさめ、人々を驚かせた。また自動運転の実用化を目指した研究が世界各地で進み、日本でも二〇二〇年の東京オリンピックまでに、公共交通機関の乏しい地域でのタクシーや、高速道路でのバスなどの形で実現させるのだと、官民あげて取り組みを強めている。

しかし一方では、心の騒ぐニュースもある。ＡＩを搭載した戦闘機が空中戦シミュレーションで、もと米空軍のベテランパイロットに完勝したと『ニューズウイーク』が今年の六月に報じた。対戦したパイロットが言うには、「ＡＩは私の意図を見透かしているようで、飛行やミサイル配備の変更に瞬時に反応した」。また長時間の対戦で自分は疲れ切り精神的にも消耗したが、ＡＩは対戦の終わりまでずっと鋭敏なままだったともいう（引用文は同誌日本版（七月五日ウエブサイト掲載）より）。

パイロットを圧倒したＡＩは、「遺伝的ファジーツリー」（ＧＦＴ）という意思決定システムに基づいたものであった。そのＡＩを開発した研究者たちによれば、ＧＦＴを活用する研究に着手した当初の目的は、薬剤の有効性を予測するシステムを開発することだったという。それが、米空軍研究所との共同研究により今回の戦闘機用ＡＩの開発にもつながったというわけである。そして彼らは、このＧＦＴは今後、サイバー・セキュリティや、外科手術用ロボット、設計自動化などの領域でも能力を発揮するはずだと予測している（N. Ernest *et al.*, *J. Def. Manag.*, 2016, 6: 1）。戦争や紛争の形態が時代とともに変化し、兵器や各種装備品もハイテク化している。それに伴い、デュアルユースが問題となる領域がどんどん広がっているのだ。

共同通信が二〇一五年一二月六日、米軍の研究費が日本の科学界に流れ込んでいる実態を報じた。二〇〇〇年以降、国内の少なくとも一二の大学や研究機関に、合計で二億円を超える研究資金が提供されていたと指摘したのである。しかし、この事実がメディアや国会で問題視されることはなかった。五〇年ほど前の一九六七年に米軍資金の問題が浮上したとき（本書の第3章）と、なんと大きなちがいであろうか。

一九六七年のときは、大学院生など若手が先頭に立って問題提起した。ところが今は若手が、先を競うかのように米軍の開催するロボット競技会などに参加している。そうした競技会を開催するのは、米軍を直接間接に強化する技術・人材を獲得するためであることを、米軍は隠そうともしない。その米国は、世界各地で起きる紛争に軍事介入し、紛争当事国に武器供与も行なっている。このことを当の研究者たちはどう考えているのだろうか。

研究者たちの動きが、研究開発と軍事との関わりを考え抜いた上でのことであれば、まだ救われる。しかし、そうではないようだ。現場を取材した記者によると、「東大にいる研究者さえ、「何に技術が使われるか」「どこからその資金が出ているのか」より、「技術開発のおもしろさ」に取り憑かれ、学生を巻き込みつつあるようにも見えた」という（望月衣塑子『武器輸出と日本企業』角川新書、第五章）。

こうした情況のなか、本書が、科学技術と軍事との関わりについて、研究者はもちろん一般の人々の間にも関心を喚起することにつながればと思う。

本書の執筆にあたっては、私が北海道大学に在職中、大学院教育を担当する研究室（理学院自然史科学専攻科学コミュニケーション講座）で同僚だった川本思心、三上直之の両准教授から励ましを頂いた。

川本氏が中心になって企画し三上氏が司会を務める、デュアルユースをテーマとするシンポジウム（今年三月開催）で話題提供の機会を頂き、それに向け準備を進めることが本書の構想をまとめるのに大いに役立った。また両氏には本書に草稿の段階で目を通して頂き、貴重なコメントも頂いた（もちろん、誤りや不備があれば全て私の責任である）。厚くお礼を申しあげる。
またミネルヴァ書房の東寿浩氏には、前著『中谷宇吉郎』に引き続き、今回も面倒な編集作業を丁寧に担当して頂いた。東氏にもお礼を申しあげる。

二〇一六年一〇月

杉山滋郎

年表

西暦	和暦	本書でとりあげた事項	関連事項
一八六七	慶応三	ノーベル、ダイナマイトの特許を取得。	徳川慶喜、大政奉還。
一八八七	明治二〇	帝国大学工科大学に火薬学科と造兵学科が増設される。	このころまで鹿鳴館で舞踏会がたびたび開かれる。
一九一五	大正四	毒ガスが初めて使用される。	第一次世界大戦（一九一四年七月〜一九一八年一一月）。
一九四二	昭和一七	東京帝国大学総長平賀譲、軍部の要請をうけて第二工学部を新設。米でマンハッタン計画（原爆の開発製造）が始動する。	**六月**ミッドウェー海戦（日本、四空母を失い戦局の転機となる）。
一九四三	一八	日本でも原爆開発はじまる。	**二月**日本軍、ガダルカナル島撤退開始。
一九四五	二〇		**八月**第二次世界大戦終わる。
一九四六	二一		**三月**イギリス首相チャーチル、演説で「鉄のカーテン」に言及（東西冷戦の始まり）。
一九四九	二四	**一月**日本学術会議が創設される。	**四月**ＮＡＴＯ成立。**一〇月**中華人民共和国の成立宣言。

一九五〇	二五	**四月**日本学術会議、戦争を目的とする科学研究をしないと決意表明。	**六月**朝鮮戦争はじまる。**八月**警察予備隊令の公布。
一九五二	二七	保安庁に技術研究所が設置される（七月末に保安庁法が公布され、警察予備隊は保安隊に改組）	**四月**対日平和条約・日米安全保障条約発効。
一九五四	二九	**五月**中谷宇吉郎、米軍資金での研究をめぐり論争を巻き起こす。	**三月**第五福竜丸、ビキニの水爆実験により被災。**七月**陸海空の自衛隊が発足。
一九五五	三〇	**七月**ラッセル＝アインシュタイン宣言。**一二月**原子力基本法、原子力利用は平和の目的に限ると謳う。	保守合同、社会党統一で「五五年体制」はじまる。
一九五七	三二	**七月**第一回パグウォッシュ会議。	**一〇月**ソ連、人工衛星スプートニク一号打ち上げに成功。
一九五九	三四	**五月**防衛庁長官、東大に造兵学科をと発言。	**一月**キューバ革命。**九月**中ソ対立が激化。
一九六〇	三五	**一月**米で科学者顧問団のジェイソンが誕生。	**五月**新安保条約を強行採決。**一二月**南ベトナム解放民族戦線の結成。
一九六二	三七	**五月**第一回科学者京都会議。東洋文庫へのアジア財団などからの資金援助が問題となる。	**一〇月**キューバ危機
一九六七	四二	**五月**米軍による研究資金の提供が問題となる。**九月**日本物理学会、「決議三」を採択。一〇	**一〇月**米ワシントンで一〇万人規模の反戦集会。**一二月**佐藤栄作首相、国会で非核三原則

		月日本学術会議、軍事目的の研究は行なわないと声明。自衛官の大学入学を拒否する動きが広まり始める。	を言明。
一九六九	四四	宇宙の開発利用は平和の目的に限ると国会決議、宇宙開発事業団法でも謳う。	ベトナム反戦運動、全米に広がる。
一九七一	四六	**六月**「ペンタゴン文書」新聞に連載される。	
一九七二	四七		**二月**ニクソン米大統領、中国訪問。**九月**田中角栄首相が訪中し、日中国交樹立。
一九七三	四八		**一月**ベトナム和平協定調印。
一九七八	五三		**一一月**「日米防衛協力のための指針」（ガイドライン）が決定される。
一九八〇	五五	（財）防衛技術協会が発足（経団連防衛生産委員会、日本兵器工業会などの出資による）。	**九月**イラン・イラク戦争はじまる（八八年に停戦）。
一九八二	五七	**四月**防衛庁による科学技術振興調整費への応募（光ファイバジャイロの研究）が国会で問題となる。	**四月**西ドイツ各地で反核・平和の「復活祭大行進」四八万人参加。
一九八三	五八	**三月**レーガン大統領、戦略防衛構想（ＳＤＩ）のアイデアを発表。	**九月**ソ連、領空内進入の大韓航空機を撃墜。
一九八四	五九	**六月**第五回科学者京都会議、「軍備改変」が	**一二月**自民党防衛力整備小委員会、防衛費の

		話題にのぼる。**一〇月**日本科学者会議など四団体がシンポジウム「日本の科学と軍事研究」を開催。	GNP一%枠見直しの提言を決定。
一九八五	六〇	**二月**自衛隊の宇宙利用をめぐる国会論戦で「一般化理論」が登場する。**七月**日本学術会議、推薦制で選出された会員で再出発。	**一月**中曽根首相、レーガン大統領との会談でSDIに理解を表明。
一九八七	六二	**二月**名古屋大学平和憲章が制定される。このころ他の大学・研究機関でも平和宣言など相次ぐ。防衛庁技術研究本部、大幅な組織改変。	**一二月**米ソ、中距離核戦力の全廃条約に調印。
一九八九	平成一	**一二月**北海道大学の研究者が米軍施設で研究していたことが問題化。	**七月**陸軍軍医学校跡（新宿区戸山）で頭骨などが発見される。**一一月**ベルリンの壁、撤去はじまる。
一九九一	三		**一月**湾岸戦争はじまる。**四月**自衛隊のペルシャ湾への掃海艇派遣を閣議決定、初の自衛隊海外派遣。
一九九五	七	日本物理学会、「決議三」の取り扱い方を変更。米国防総省、デュアルユース技術の利用推進を打ち出した報告書を発表。	**一月**阪神淡路大震災。**三月**地下鉄サリン事件。
一九九八	一〇	**一二月**補正予算に偵察衛星の開発費が盛り込まれる（「平和目的に限る」をアクロバ	**八月**北朝鮮、テポドン一号を発射。

二〇〇一	一三	ティックに解釈）。	米で、アルカイダによるテロ攻撃と、炭疽菌事件。
二〇〇二	一四	ロボラットの研究論文が発表される（翌年『ネイチャー』誌が議論の必要性を問題提起）。	米、国際テロには先制攻撃も辞さないとする安全保障戦略を発表。
二〇〇四	一六	経団連「今後の防衛力整備のあり方について」を提言。日本学術会議の会員選出方法、再び変更される（現会員が後任会員を選出）。米で「フィンク・レポート」発表される。	**一月**陸上自衛隊にイラク派遣命令。
二〇〇五	一七	米でＮＳＡＢＢが活動を開始	**二月**地球温暖化防止に向けた「京都議定書」発効。
二〇〇八	二〇	**五月**宇宙基本法が成立、宇宙の平和利用が「非軍事」から「非侵略」へと実質的に転換。	**九月**世界的金融危機（リーマン・ショック）がはじまる。
二〇一一	二三	インフルエンザウイルスに関する研究論文、ＮＳＡＢＢの勧告により公表差し止め（翌年に改定のうえ公表される）。	**三月**東日本大震災。
二〇一二	二四	**六月**宇宙航空研究開発機構法（ＪＡＸＡ法）改正、平和目的に限るとの制限はずされる。	
二〇一三	二五	**一二月**補正予算に、革新的研究開発推進プログラム（ＩｍＰＡＣＴ）が盛り込まれる。	

二〇一五	二七	日本学術振興会、『科学の健全な発展のために』を発表。宇宙基本計画（第三次）制定、安全保障を前面に打ちだす。防衛省、技術シンポジウムにむけデュアルユース技術を公募。防衛省、安全保障技術研究推進制度で研究資金の提供を開始。
二〇一六	二八	日本学術会議、軍事研究をしないという二つの決議について再検討を開始。

※　参考文献：中村政則・森武麿（編）『年表　昭和・平成史　一九二六―二〇一一』岩波書店（岩波ブックレット）、二〇一二年。

人名索引

さ　行

た　行

や 行

ら 行

わ 行

事項索引

か　行

さ　行

た　行

な　行

は　行

ま　行

や　行

ら　行

《著者紹介》

杉山 滋郎（すぎやま・しげお）

1950年 生まれ。
東京大学大学院理学系研究科科学史・科学基礎論専攻博士課程満期退学，
博士（学術）東京工業大学。

現 在 筑波大学講師，北海道大学理学部助教授，教授，CoSTEP 代表（兼任）
を経て北海道大学名誉教授。

主 著 『日本の近代科学史』朝倉書店，1994年（2010年新装版）。
『北の科学者群像』北海道大学図書刊行会，2005年。
『中谷宇吉郎――人の役に立つ研究をせよ』ミネルヴァ書房，2015年。
『科学技術社会論の技法』（共著）東京大学出版会，2006年，など。

訳 書 『物理学者たちの20世紀――ボーア，アインシュタイン，オッペンハイマーの思い出』（共訳）朝日新聞社，2004年，など。

「軍事研究」の戦後史
――科学者はどう向きあってきたか――

2017年1月20日 初版第1刷発行 〈検印省略〉

定価はカバーに
表示しています

著 者 杉 山 滋 郎
発行者 杉 田 啓 三
印刷者 坂 本 喜 杏

発行所 株式会社 ミネルヴァ書房
607-8494 京都市山科区日ノ岡堤谷町1
電話代表 (075)581-5191
振替口座 01020-0-8076

冨山房インターナショナル・新生製本

ISBN 978-4-623-07862-2
Printed in Japan